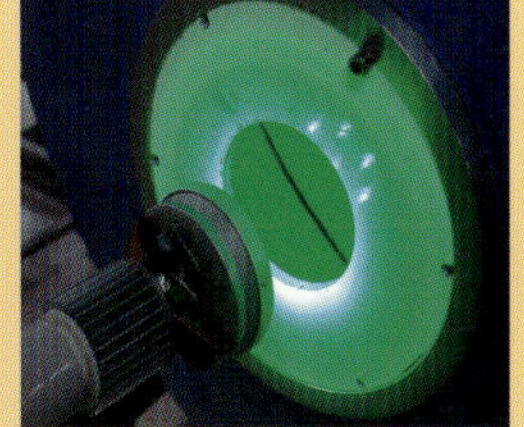

LED lighting

LED조명 광학설계 이론 및 활용 II

황명근 · 안수호 · 백승욱 · 신상욱 · 홍성욱 공저

도서출판 아진

"내가 가는 길을 그가 아시나니 그가 나를 단련하신 후에는 내가 순금 같이 되어 나오리라 (욥23 : 10)"

머리말

최근 에너지절약과 환경문제에 대한 이슈가 크게 대두되면서 LED조명을 중심으로 新광원(LED, OLED 등)의 기술수요가 급증될 것으로 예상되고 있으며 각 기업에서는 LED조명의 기술 경쟁력향상을 위한 융·복합 학문(전기/전자/물리/화학/나노/광/재료/건축/의료/농수산/기계 등)에 대한 전문 기술 인력을 필요로 하고 있습니다.

조명은 인간이 삶을 영위해 나가는데 있어서 반드시 필요한 도구로 그 시대의 기술 수준과 시대적 요구에 따라 발전을 해왔습니다. 과거 등화시대에 단순히 불을 밝히는 수단에서 인간의 건강하고 쾌적한 삶, 아름다움을 창조하는 수단으로 현재는 화석연료의 고갈과 지구온난화 등 미래의 인간 삶 변화를 대비하는 수단으로 고효율 및 친환경적인 요구까지 조명에 대한 시대적 요구는 다양하고 광범위하게 변화하고 있으며 이를 충족시킬 수 있는 새로운 융·복합 조명기술과 신광원에 대한 관심도 크게 높아지고 있습니다.

현재 조명은 정부의 저탄소 녹색 신성장동력산업화를 위한 새로운 산업의 전환점에 놓여 있으며 LED를 응용한 새로운 조명기술의 응용과 융·복합 기술이 절실히 요구되고 있습니다. 세계적으로 국가와 기업의 핵심 경쟁의 원천이 물적자원 위주에서 지식생산 및 활용의 주체인 인적자원 위주로, 기술 자체보다는 인적자원의 역량과 학습능력으로, 量 위주의 인력(Man Power)에서 質 위주의 인력(Human Resource)으로 그 중요성이 전환되고 있는 시점에서 기존 조명산업의 경쟁력을 유지하면서 새로운 LED기술의 빠른 변화에 대응하여 LED조명기술을 발전시키기 위해서는 그 기술의 주체가 되는 기술 인력에 대한 전문화가 우선적으로 이루어져야 하며 이를 위한 다양한 전문 교육과정의 개발과 제반시설 등의 교육 인프라 확충이 필요합니다.

한국조명연구원「부천 LED조명 RIS사업단」에서는 2009년부터 지식경제부 및 부천시의 지원을 받아 지원사업으로 산·학·연·관 전문가 네트워크의 활용을 통한 LED epi·chip,

Package·Module, Lighting application 등 LED분야별 종합지원솔루션을 제공하고 있으며, 기술지원, 애로기술 해결, 기업지원, 마케팅 지원까지 Onestop Service 지원방식으로 지역의 경제를 활성화에 이바지 하고 있습니다.

이러한 LED조명 전문기술교육을 통하여 산업체의 기술개발 역량 강화와 기존 조명기업의 LED조명으로의 사업전환 또는 신규 사업화할 수 있도록 산업체 needs를 반영한 기술교육을 지원함으로서 국내 LED조명산업이 새롭게 도약할 수 있는 계기를 마련할 수 있으리라 믿습니다.

이 책은 최근의 LED조명에 필요한 기초 조명 및 광학 이론부터 실무기술에 이르기까지 폭넓게 다룬 것으로 LED 및 조명분야에 관심을 가지고 있는 초급자(학부생)들도 쉽게 이해할 수 있는 수준으로 기술되었습니다.

끝으로 바쁘신 시간에도 본 책자의 내용을 집필해 주신 (주)굿피앤씨 안수호 박사님, 반기현 책임연구원님, 오엠오에스 백승욱 대표님, 한국조명연구원 신상욱 박사님, 서울과학기술대학교 홍성욱님께 감사를 드리며, 아울러 이 책의 자료를 정리하는데 많은 노력을 아끼지 않았던 한국조명연구원 권기태 연구원과 이정근 연구원에게도 심심한 감사를 전합니다. 이 책이 전기 · 전자 · 건축 및 광/조명산업계의 실무자 및 공학도들의 폭넓은 활용으로 2015년 조명산업 Top 7 실현을 기대해 봅니다. 감사합니다.

2010년 11월

한국조명연구원
부천 LED조명 RIS사업단 단장

단장/공학박사 황 명 근 拜

목 차

제3장 TracePro를 활용한 조명시스템 설계

제4장 조명설계 · 조명시뮬레이션

제 3 장

TracePro를 활용한 조명시스템 설계

제1절 LED 실내조명

실내조명에는 형광등 타입 램프, MR 타입 램프, Par 타입 램프, 전구 타입 램프, LED 평판조명, 다운라이트, Bar 타입 램프 등의 제품군으로 나뉘어져 있으며 현재 LED 타입으로 교체되고 있는 초기 단계라고 할 수 있다. 본 교재에서는 LED를 이용한 조명설계 위주로 구성하였으며 그 중 LED 평판조명, MR 타입 대체용 LED 램프에 대해 설계 방법에 대한 예를 보여 주고자 한다.

1. 평판형 LED 형광등 등기구

평판형 LED형광등은 일반 Fluorescent lamp를 사용하는 등기구를 대체하는 제품으로 국내에서 제정된 규격으로는 KS표준 "매입형 LED 등기구의 안전 및 성능 요구사항 KS C 7653:2010", "고효율 에너지기자재보급 촉진에 관한 규정 41항 매입형 및 고정형 LED등기구의 인증기술기준 및 측정방법"이 재정된 상태이며 두 규격 모두 전기적 특성 및 광학적 특성은 거의 일치하며 광효율 측면에서 고효율 인증 기술기준이 좀 더 높은 광효율을 요구하고 있다.

평판형 LED 형광등 등기구는 일반적으로 광 확산판 또는 Plastic 판넬에 패턴 등을

삽입하여 빛을 퍼뜨리는 확산조명이므로 지향각을 좁혀 사용하지 않는다. 그러므로 KS표준이나 고효율 인증기준에서 지향각의 표기사항이 없으며 사용자가 임의의 집광 시스템을 사용하여 제작할 경우 필요에 따라 지향각 표기를 할 수 있다.

평판형 LED 형광등 등기구는 매입형 LED 등기구 범주에 속하므로 인증 규격에 부착부 치수가 규정되어 있으므로 필히 규격에 맞게 설계해야 하며 KS규격에서는 색온도 및 램프 소비전력에 따른 등기구 효율이 차등적으로 지정되어 있으므로 제품 설계 시 염두에 두어야 한다.

광원 연색성의 경우 KS기준은 70이상이며 고효율 인증기준에서는 75이상으로 규정하고 있다. LED 광원의 광효율은 연색성이 높을수록 낮아지고 연색성이 낮을수록 높아지는 경향을 보이므로 LED 선택 시에 필히 염두에 두어야 할 성능항목이다.

1-1. 국내 표준 규격(광학적 특성 및 치수부분 발췌)

1-1-1. KS표준
(㉿ 매입형 LED 등기구의 안전 및 성능 요구사항 KS C 7653:2010)

(1) 등기구의 광학적 특성 기준

광원의 색온도를 총 8종으로 규정하였으며 각각의 색온도마다 색온도 범위, LED 등기구 효율이 개별적으로 구분되어 있다.

표 1.1 등기구 성능기준

항목	성능 기준					
초기 광속	정격광속의 95 % 이상					
광속유지율	초기 광속 측정값의 90% 이상					
연색성	70 이상					
구분 K	색 온도 K	LED 등기구 효율 lm/W				
		10 W 이하	10 W 초과 30 W 이하	30 W 초과 60 W 이하	60 W 초과 100 W 이하	100 W 초과
6 500	6 530±510	55	60	65	65	70
5 700	5 665±355	55	60	65	65	70
5 000	5 028±283	55	60	65	65	70
4 500	4 503±243	50	55	55	60	65
4 000	3 985±275	50	55	55	60	65
3 500	3 465±245	50	55	55	60	65
3 000	3 045±175	45	50	50	55	60
2 700	2 725±145	45	50	50	55	60

(2) 사각 형태 LED 등기구 천장 부착부 치수

표 1.2 사각 등기구 치수

단위 : mm

구분	치수	
	폭 W	길이 L
1	300±5	300±5
2	300±5	600±5
3	300±5	900±5
4	300±5	1200±5
5	600±5	600±5

(3) 원형 매입형 LED 등기구 천장 부착부 치수

표 1.3 원형 천장 부착부 치수

단위 : mm

구분	치수 ϕ
1	80±5
2	100±5
3	120±5
4	150±5
5	200±5

(4) 매입형 LED 등기구의 형상(KS C 7653 인용)

원형 매입형 LED 등기구	사각형태 LED 등기구

그림 1.1 등기구 예시

1-1-2. 고효율 에너지기자재보급 촉진에 관한 규정 (지식경제부고시 제2009-202호 고효율 에너지기자재보급 촉진에 관한 규정 41항 매입형 및 고정형 LED 등기구의 인증 기술기준 및 측정방법)

(1) LED 등기구의 광원색 및 연색성

색온도는 KS기준과 동일하며 연색지수를 색온도에 상관없이 75이상으로 지정되었다.

표 1.4 고효율 기준 광학적 특성

색온도(K)	색온도범위(K)	연색지수(Ra)
6500	7040~6020	75 이상
5700	6020~5310	75 이상
5000	5311~4745	75 이상
4500	4746~4260	75 이상
4000	4260~3710	75 이상
3500	3710~3220	75 이상
3000	3220~2870	75 이상
2700	2870~2580	75 이상

(2) LED 등기구의 광출력 기준

표 1.5 등기구 효율

항 목	10 W이하	10 W초과 30 W이하	30 W초과 60 W이하	60 W초과 100 W이하	100 W초과
등기구 효율	55 lm/W 이상	60lm/W 이상	65lm/W 이상	70lm/W 이상	75lm/W 이상
초기광속	정격광속의 95 %이상				
연색성	75이상				
광속 유지율	초기 광속 측정값의 90 %이상				

1-2. 목표 Spec.선정

평판형 LED형광등의 경우 LED 선택 시 LED 배열에 의한 Dot현상을 고려해야 한다. Dot현상을 제거하기 위해서는 LED간 거리가 가까울수록, 확산판의 확산도가 클수록 유리하다. 하지만 LED간격이 좁을수록 LED 수량이 많아짐으로 어느 정도

한계가 있으며 확산판의 확산도가 클수록 빛의 손실이 커지는 단점을 갖는다. 그러므로 LED의 수량과 확산판의 확산도를 적절히 선택하여 매치 시켜야 Dot현상이 없는 최대의 성능을 갖는 제품을 개발할 수 있다.

1-2-1. 국내표준규격

KS C 7653 매입형 LED 등기구의 안전 및 성능 요구사항

1-2-2. 색온도

5000 K(일반적으로 가장 많이 사용되는 보편적인 색온도 설정)

1-2-3. 연색성

70이상

1-2-4. LED 등기구 소비전력

10 W(일반적인 형광등 600 mm 등기구 소비전력을 20 W라고 할 때 LED 등기구의 소비전력을 약 50 % 수준으로 잡음)

1-2-5. LED 등기구 천장 부착부 치수

사각 형태(폭 300X 길이 300) KS규격 사이즈 적용

1-2-6. Source LED 선정

(1) 적용 LED: 5050 0.2 W(삼성LED)

본 Simulation에서는 LED간의 간격에 의해 발생하는 Dot 현상발생을 줄이기 위해 High Power chip 대신 LED 간격을 좁힐 수 있는 일반적으로 사용 되는 0.2 W SamsungLED를 예로 선택하였으며 확산판은 Pattern을 삽입하여 확산을 시키는 형태를 적용 하였다.

(2) LED 상세 Spec.(출처: 삼성LED)

1) LED Size: Lead Frame Type LED Package (5.2 * 6.0 * t 1.3 mm)

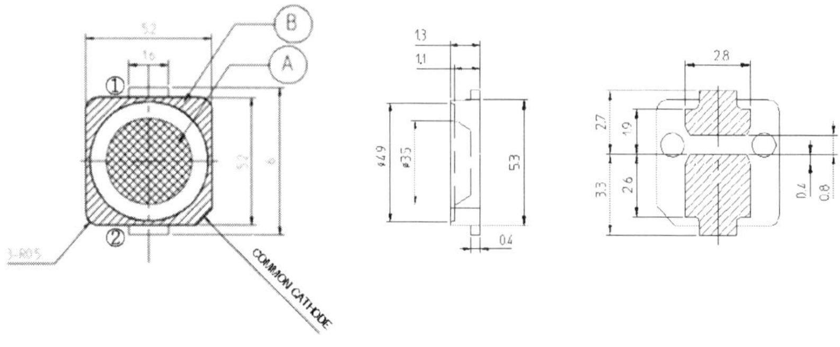

그림 1.2 LED PKG Dimension

2) Beam Angle(△θ): 120 °

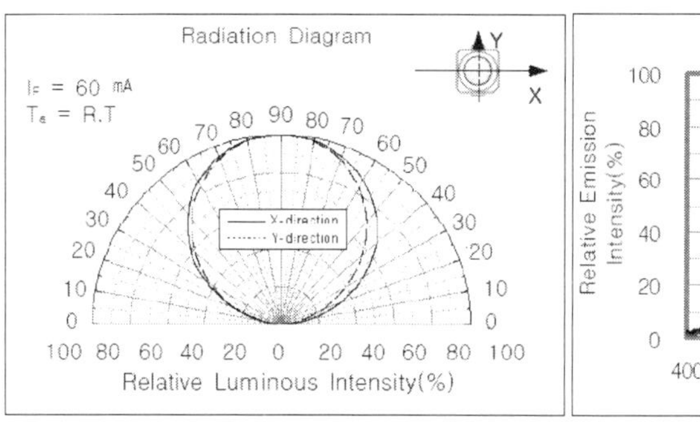

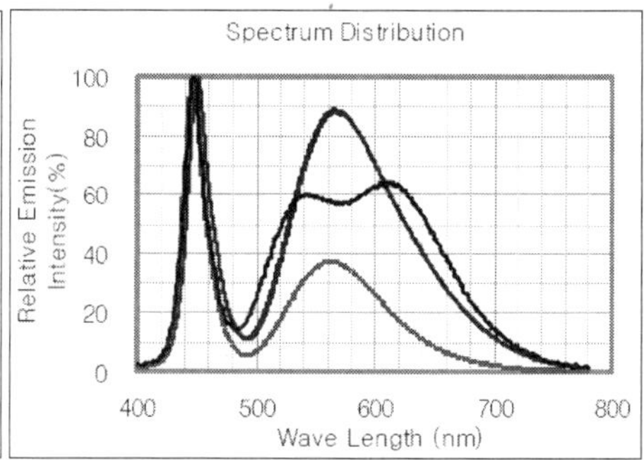

그림 1.3 radiation diagram & Spectrum

3) Total Flux(@60mA): 18 lm

4) CRI: 70

1-3. Modeling

모델링의 순서는 제일 먼저 Source선정이 완료된 후 Source의 Spec.을 적용한 Source modeling 완료 후 제품 사이즈 및 Source 수량 배열을 통한 검토 순으로 이루어진다. 첫 번째 순서인 Source Modeling이 시뮬레이션에서 상당히 중요한 부분이므로 Source가 가지고 있는 특성을 완벽히 이해하고 또 사전 테스트 등의 단계를 거쳐야 제품

설계 후 결과 값과의 차이를 줄일 수 있다. Source의 사전 테스트 항목으로는 적분구나 Goniophotometer등을 이용한 소비전력별 총 광속(Total Flux), 지향각 등의 항목을 측정할 수 있다.

본 시뮬레이션에서 사용되는 Source는 LED를 이용한 설계임으로 이하 Source를 LED로 지정한다.

1-3-1. Source(LED) Modeling

LED 모델링을 하기 위해서는 기본적으로 요구되는 항목들이 있으며 이러한 항목들에 대한 값을 알고 있어야 Simulation 오차를 줄일 수 있다.

(1) 필수 요구 항목

- LED Package Dimension
- Chip 수량 및 사이즈
- 봉지재(Silicone) 굴절률
- LED Total Flux

(2) LED 설계

1) Mold Modeling

① 윗줄 메뉴 바에서 Insert 클릭 후 Primitive Solid 선택

② 맨 왼쪽 Block 항목에서 입수된 도면 Spec.에 따라 X축(5.2 mm), Y축(5.3 mm), Z축(1.3 mm) 값 설정 후 Insert 클릭(1-2-6항목 참고)

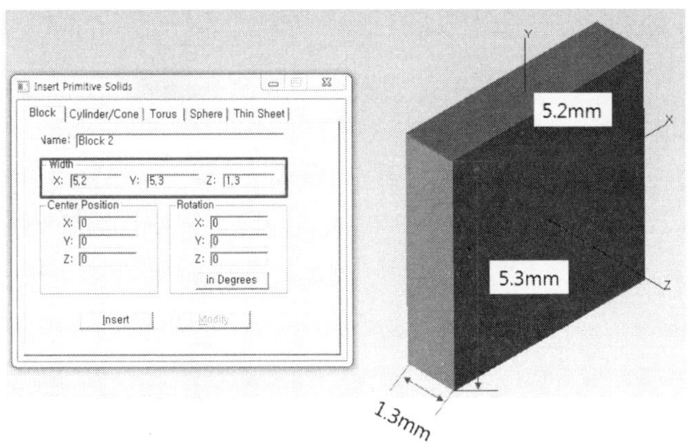

그림 1.4 Mold Size

③ Insert Primitive Solids 입력창에서 두 번째 Cylinder/Cone 항목 선택 후 Cone 표시 창을 클릭한다. Base Major R(1.5)값과 Top Major R(1.75)값, Length (0.9) 등을 입력 후 Insert 클릭(내부 발광 chip이 위치하는 Reflector 부분 제작)한다.

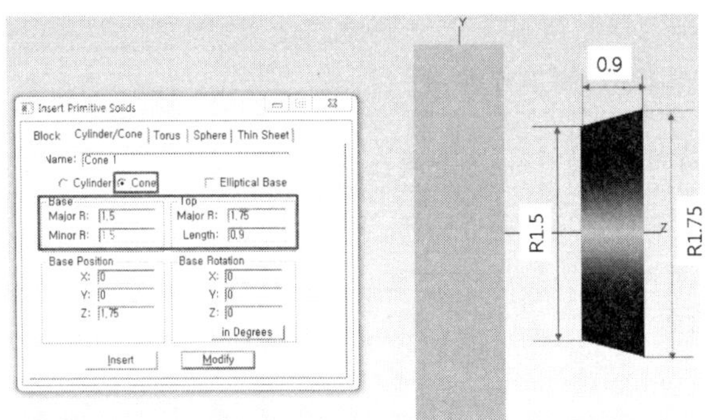

그림 1.5 Reflector Size

④ 생성된 Cone을 Measure Geometry 아이콘을 클릭하여 상측면의 꼭짓점 좌표를 확인한 후 X 0, Y 0, Z 0.65가 되도록 Move Object 기능을 사용해서 이동을 시킨다.(Z축의 값은 Cone의 두께에 의해서 결정되며 Cone의 상면과 Mold의 상면이 일치하기 위한 값이다.)

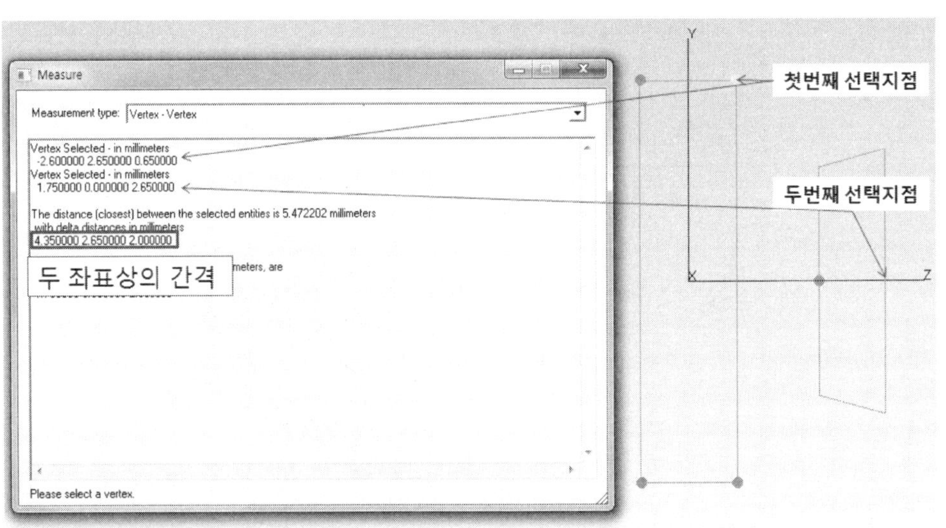

그림 1.6 Mold&Reflector 위치

⑤ 현재 Z축 상으로 두 점의 차이가 2 mm임으로 Move Object 기능을 사용하여 Cone을 -2 mm만큼 이동시켜 Mold와 cone의 상면을 일치 시킨다.

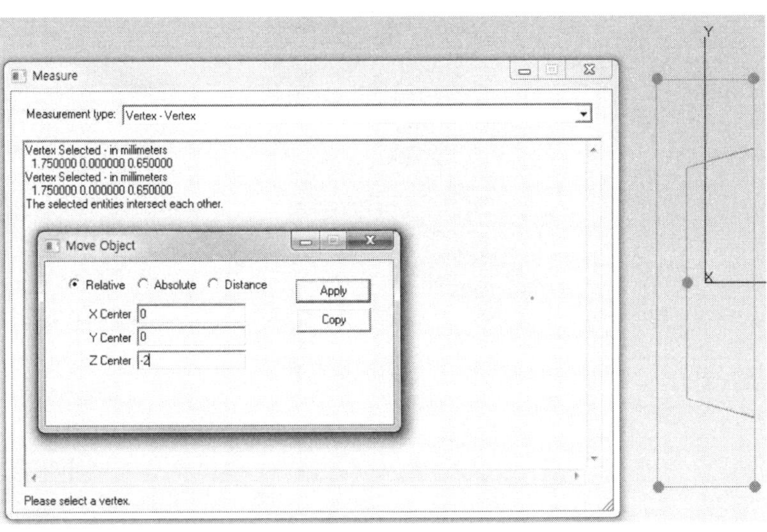

그림 1.7 Mold&Reflector 정렬

⑥ 화면 왼쪽의 두 개의 아이콘 중에서 맨 처음 Block 을 클릭하고 두 번째로 Ctrl 키를 누른 상태에서 Cone 클릭(두 개의 아이콘이 모두 선택됨)한다. 상단의 도구모음에서 Subtract아이콘을 클릭하여 Block에서 콘 모양을 빼버리는 모양을 만든다.(반드시 아이콘 선택 시 순서에 유의 할 것)

* Subtract, Intersect, Unite기능을 사용할 때에는 반드시 두 Object간의 일치해야 하는 기준면 설정을 확인해야 하며 Measure Geometry 기능을 사용해서 좌표 일치 여부를 체크하는 절차를 반드시 거쳐야 한다.
* Mold에서 빼버리는 컵의 모양은 Silicone 봉지재의 Model과 동일함으로 따로 카피해 저장해 두었다가 Silicone 봉지재 설정 시 다시 사용할 수 있다.

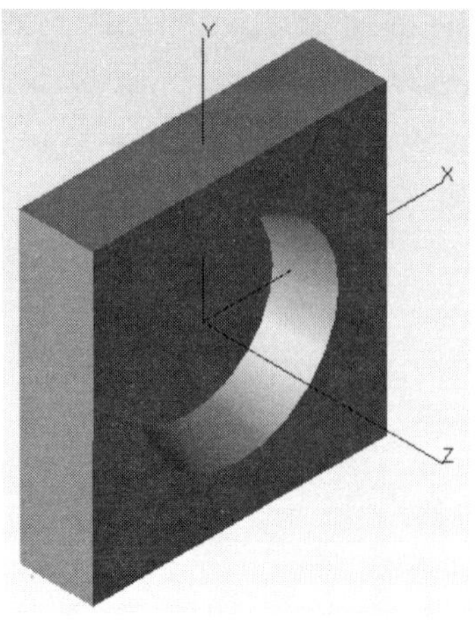

그림 1.7 Mold 생성

⑦ Mold 외곽 도면이 완성된 후 Material 및 Surface 지정하기 위해 Block 아이콘을 클릭 후 오른쪽 마우스를 클릭해서 Apply properties 창을 활성화 시킨다.

⑧ Material을 클릭 후 Catalog에서 Plastic, Name에서 Polycarb를 선택한다. (재질에 대한 데이터를 알 경우 재질 데이터를 생성하여 입력할 수 있으며 본 Simulation에서는 catalog에 있는 데이터를 기준으로 작성함)

⑨ Surface 창에서 Catalog는 Default, Name은 Diffuse White로 선택한다.(아이콘을 클릭 후 Surface를 지정할 경우 모든 면이 같은 표면 특성을 갖게 Setting이 되며 면마다 표면 특성을 다르게 하기 위해서는 아이콘을 확장시켜 원하는 면을 선택하여 표면특성 지정가능)

⑩ Modeling이 완성된 후 오른쪽 아이콘을 클릭하여 Name을 Mold로 지정한다.(각각의 Modeling 마다 Model 명을 입력해 두어야 혼동을 방지할 수 있다)

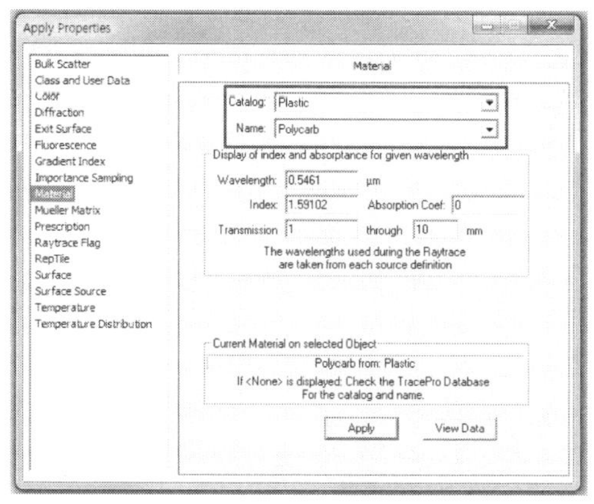

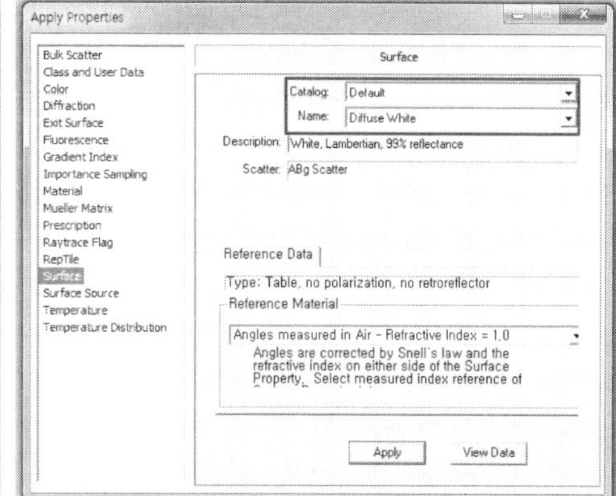

그림 1.8 Apply Properties 설정

2) Chip Modeling

chip의 사이즈는 실질적인 값이 업체마다 다르고 또 제공하지 않기 때문에 편의상 1 Chip으로 규정하였으며 실제는 3Chip으로 많이 사용된다.

① Insert Primitive Solids 입력창에서 Chip 사이즈(X 1 mm, Y 1 mm, Z 0.2 mm) 입력 후 도면상의 위치에 Insert한다.

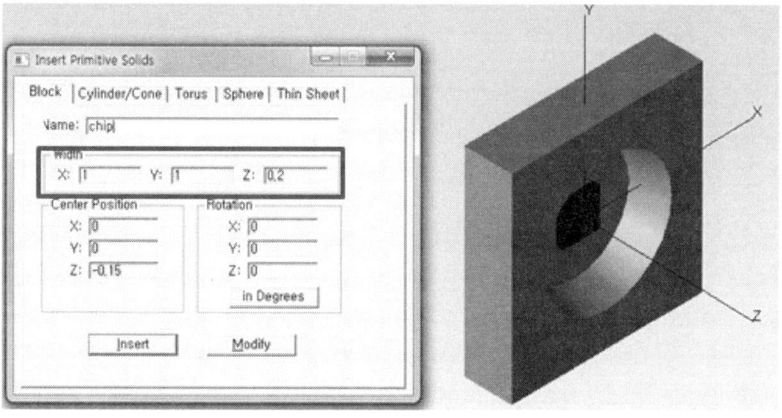

그림 1.9 Chip 생성

② Apply properties 창을 활성화시킨다.

③ Apply properties 창에서 Material 선택 후 View Data 아이콘을 클릭해서 Material property Editor창을 활성화시킨다.
* LED chip은 일반적으로 Quartz(SiO_2) 가 사용되며 굴절률은 여러 종류가 있으나 그 중 일반적으로 사용되는 재질의 굴절률 값은 1.544의 값을 갖는다.
TracePro에서 제공되는 catalog에는 이러한 굴절률 값이 없으므로 Material Data를 작성해서 적용해야 한다.

④ Material property Editor에서 새로운 재질의 물성을 만들기 위해 좌측의 Add Catalog 클릭 후 Quartz 이라는 Material Name 설정한다.

⑤ Add Property 클릭 후 Property Name을 SiO_2 설정

⑥ Property Name 설정이 완료되면 Wavelength 0.5 ㎛의 파장이 삽입되고 Index창에 굴절률 1.544로 Setting한다.(Absorption은 무시하고 0이라 가정)
* 일반적으로 매질에서의 굴절률은 파장에 따라 각각 다른 값을 갖는다. 그러므로 파장에 따른 각각의 굴절률 데이터를 알고 있을 경우 Data Points창에서 Add를 클릭하여 각각의 파장과 굴절률을 Setting함으로써 좀더 Simulation 값의 오차를 줄일 수 있다. 마찬가지로 흡수율도 Spec.이 있을 경우 Setting 가능하다.

⑦ 굴절률 설정 후 상단의 Save 아이콘을 클릭 완료(save 아이콘을 필히 클릭해야 재료 데이터가 저장이 됨으로 주의할 것)

⑧ 다시 Apply properties창에서 Material 클릭 후 ⑦에서 생성한 Quartz SiO_2 Data 선택

⑨ 작성한 chip의 표면 중에서 Surface0 클릭 후 Apply Properties 창에서 Surface Source 창 클릭 및 Source 설정
- Emission Type: Flux
- Units: Photometric
- Angular Distributions: Lambertian(일반적으로 LED Chip에서 발광되는 각도에 따른 광도분포도를 Lambertian이라고 한다.)

- Total Rays: 200000(Ray의 개수가 이 많을수록 좀 더 정확한 Simulation을 얻을 수 있으나 시간이 오래 걸리는 단점이 있음으로 적당한 값의 Ray 개수를 지정해야 함)
- Flux: 18(LED Spec.상에서 제시한 값 적용)
- Wavelengths: 0.56

3) LED 봉지재 Modeling

일반적으로 LED chip 봉지재는 Silicone재질 또는 Epoxy등의 물질을 사용하며 발광 칩 및 칩과 전극을 연결시켜주는 와이어의 보호를 위해 사용한다.

봉지재의 모양은 Mold Modeling시에 작성되었던 Cone형태와 동일하게 재작하며 chip의 사이즈를 빼주는 순서로 설계한다.

① Insert Primitive Solides창에서 Cylinder/Cone 항목으로 이동

② Cone 아이콘 클릭 후 Base Major R(1.5), Top Major R(1.75), Length (0.9) 값 설정(Mold Modeling시 제작한 Reflector 형상과 동일함으로 미리 카피해 둔 Model을 복사해서 사용하면 편리하다.)

③ Block항목에서 X 1, Y 1, Z 0.2 값 설정(Chip 도면 참고)

④ Chip Block 완성 후 ②번 Cone 형상에서 Chip 형상을 Subtract기능을 사용하여 제거한다.(Mold Modeling 방법과 동일)

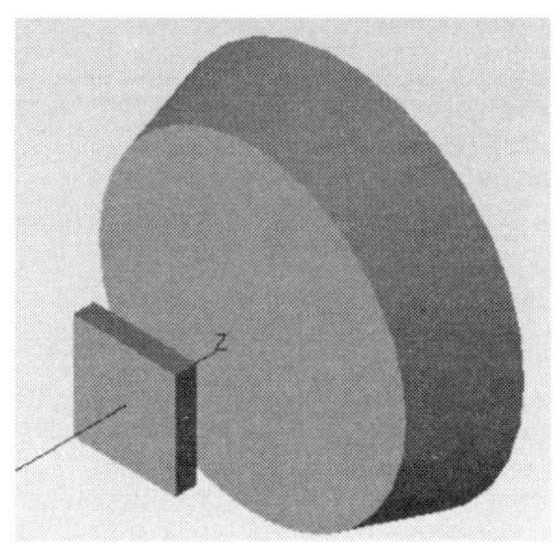

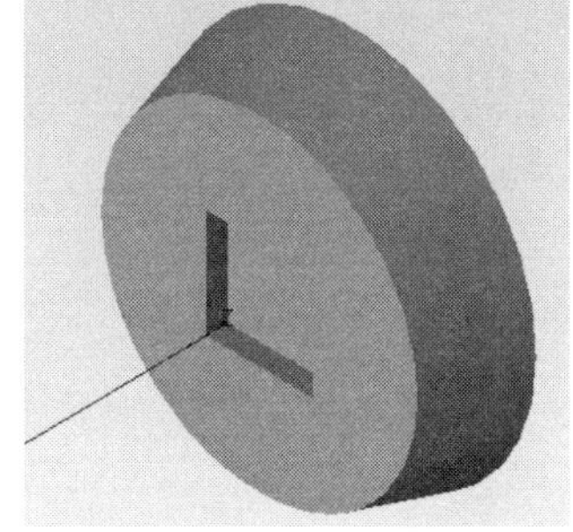

그림 1.10 봉지재 생성

⑤ Chip형상이 제거된 Cone을 도면상의 위치로 정렬시킨다.(Cone의 바닥면 Z값이 -0.25 mm임으로 Chip의 바닥면과 일치하도록 Chip의 Z축 좌표를 Chip 두께의 절반값 0.1 mm를 더한 -0.15 mm로 설정한다.)

⑥ Apply properties창에서 Material 선택 후 View Data아이콘을 클릭 Material property Editor창 활성화
* LED 봉지재의 굴절률 값은 1.46, 1.52등의 값을 갖는다. TracePro에서 제공되는 Catalog가 없으므로 위의 Chip의 재질설정과 같이 Material Data를 작성해서 적용해야 한다.

⑦ Material Property Editor에서 새로운 재질의 물성을 만들기 위해 좌측의 Add Catalog 클릭 후 Silicone이라는 Material Name설정

⑧ Add Property 클릭 후 Property Name(Silicone LED)설정

⑨ Property Name설정이 완료되면 Wavelength 0.5 μm의 파장이 삽입되고 Index창에 굴절률 1.52로 Setting한다.(Absorption은 무시하고 0이라 가정)

⑩ 굴절률 설정 후 상단의 Save아이콘을 클릭 완료

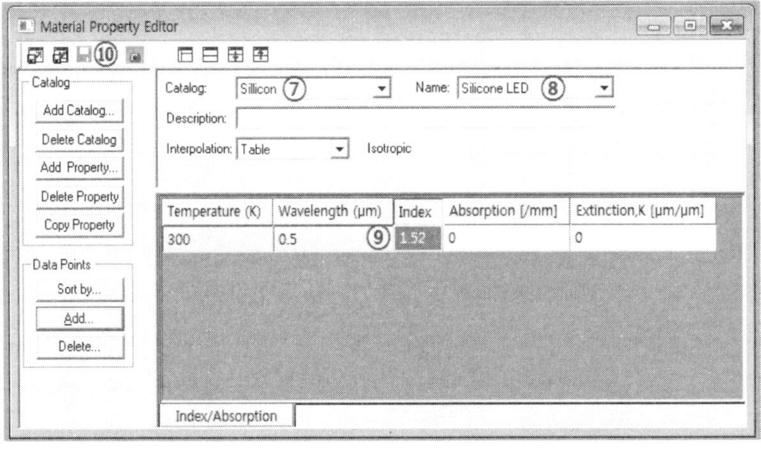

그림 1.11 Material Property 설정

⑪ Apply properties창에서 Material 클릭 후 ⑩에서 생성한 Silicone LED Data선택

4) Candela Option설정

① 화면 상단의 Analysis창에서 Candela Options를 클릭하여 조건 창을 활성화 한다.

② Orientation And Rays창에서 Normal Vector좌표를 X 0, Y 0, Z 1로 Setting 한다.

* Normal Vector는 빛의 진행방향에 대한 좌표로서 일반적으로 빛의 진행방향이 Z축으로 가정을 함으로 Vector 방향을 Z축으로 설정한다.

③ Up Vector를 X 0, Y 1, Z 0으로 Setting 한다.

* Up Vector는 빛의 진행방향을 바라본 상태에서 세로축을 설정하는 창으로서 일반적으로 Y축을 세로 방향으로 Setting 한다.

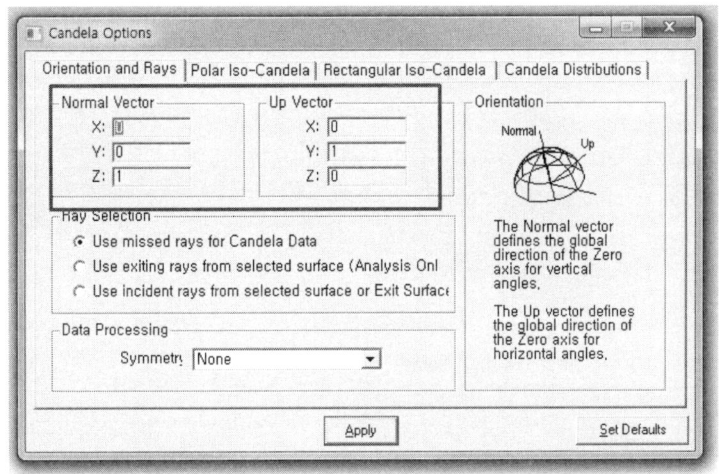

그림 1.12 Candela Orientation 설정

④ Candela Distributions창에서 Smoothing창을 활성화시키고 Plot Points or smoothing값을 20정도로 Setting 한다.

* Smoothing을 활성화 시킬 경우 그래프 Candela곡선이 부드럽게 처리된다. Plot Points or Smoothing값도 마찬가지로 수치가 낮을수록 부드러운 곡선이 표현되나 너무 낮은 수치로 설정할 경우 Simulation결과 값의 오차가 발생할 수 있음으로 적절한 수치 표기가 필요하다.

⑤ Number of Horizontal값을 4로 표기한다.

* Number of Horizontal값은 수평으로 나뉘는 Candela값의 수량으로 좀 더 자세한 Candela Graph를 보려면 수량을 증가시켜 각도별 세밀한 자료를 얻을 수 있으며 일반적으로 4개정도(45도 간격)가 적당하다.

⑥ Polar Distribution에서 Luminaire format을 클릭한 후 Luminaire Plot Width를 180으로 설정한다.

* Luminaire Plot Width는 Polar Iso-Candela Plot그래프의 각도를 지정하는 값으로서 180도로 Setting 시 한쪽 방향으로 180도, 반대 방향으로 180도를 표현함으로 종합적으로 360도의 각도에서 Candela Plot을 볼 수 있다. 등기구 배광특성이 후배광이 없을 경우 Luminaire Plot Width를 90으로 설정해서 확인해도 무방하다.

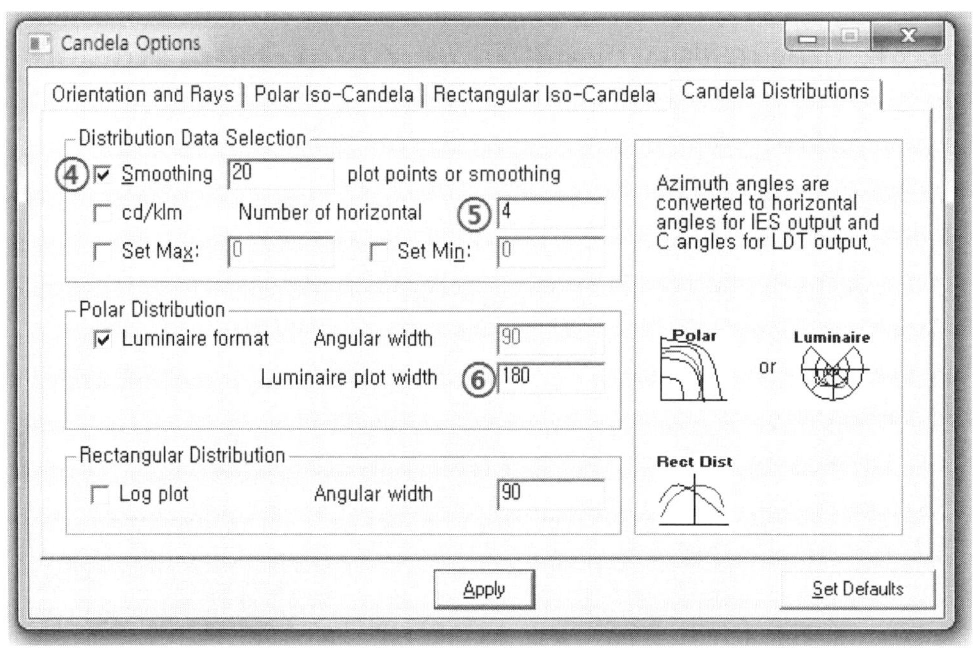

그림 1.13 Candela Distribution 설정

5) LED 설계검토

① 상단의 메뉴바에서 Trace Ray 아이콘 클릭 후 Simulation 진행

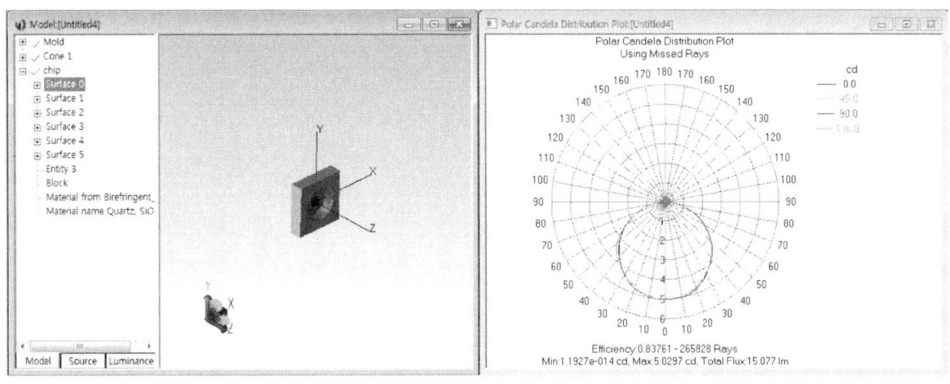

그림 1.14 Polar Candela Graph

* 위의 좌측 Model이 완성된 LED PKG의 모양이며 왼쪽 아이콘 창에 Mold, Cone1(Silicone 봉지재), Chip이 생성된 것을 볼 수 있다.

* 오른쪽 그래프가 Polar Candela곡선이며 중심 원점을 지나는 직선이 각도, 중심을 기준으로 동그란 원형의 선이 Candela값을 나타낸다.

그러므로 어느 특정 각도에서 Candela값을 알기 위해서는 최외각의 원형선에서 각도를 선정한 후 그 각의 직선 라인과 접하는 그래프 값을 읽으면 쉽게 그래프를 해석할 수 있다.

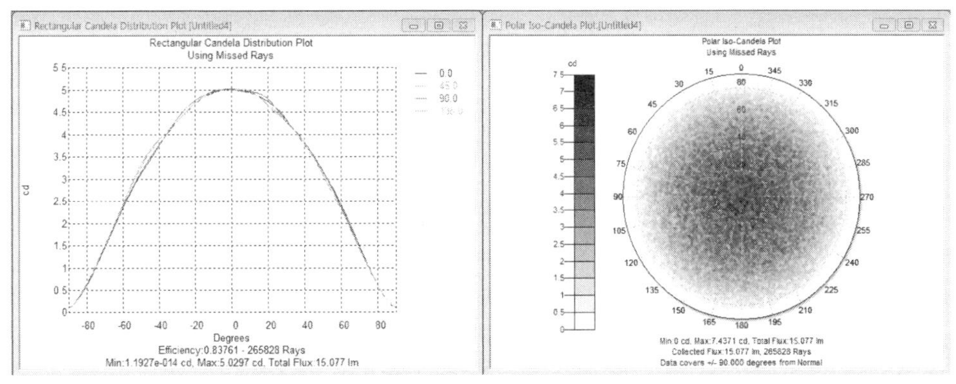

그림 1.15 Rectangular Candela Graph

* 좌측 Rectangular Candela곡선은 Polar곡선과 같은 Candela곡선으로서 X축이 각도를 나타내고 Y축이 Candela값을 나타내는 좌표축의 정의가 다른 형태라고 볼 수 있다. 오른쪽의 그림은 각도별 광도 분포도를 Dot형태로 나타낸 값으로 진한부분이 Candela값이 높은 영역으로 볼 수 있다.

② 검토결과

- Beam Angle(△θ): 120 °(LED Spec.과 일치)

* LED에서 Beam Angle의 정의는 중심광도 대비 1/2의 광도 값을 갖는 각도를 지향각이라 한다. 그러므로 중심광도가 5 cd이므로 1/2값인 2.5 cd 값이 위치하는 각도를 LED Beam Angle 이라고 할 수 있다. 좌측 하단의 그래프에서 광도가 2.5 cd인 곳의 각도를 보면 대략 60도 부근임을 알 수 있으며 한쪽 축으로 60도, 반대 축으로 60도, 합쳐서 120도의 각도가 됨을 알 수 있다.

- 중심 광도(0도에서의 Candela값): 5 cd(Spec.은 6 cd로 불일치)
- Total Flux: 15 lm(Spec.은 18 lm으로 불일치)

* Total Flux는 각 그래프의 하단에 나타나 있으며 그래프 상에는 15.077 lm으로 나와 있다.

→ 종합적으로 Flux가 매질간의 표면 반사손실로 인해 Spec.대비 약 83 %의 결과값을 얻음

③ 1차 설계사항 수정

1차 설계에서 지향각은 일치하고 Flux 값이 약 13 % 낮게 나왔음으로 Surface Source창에서 Flux 값을 18 lm에서 13 % 증가한 21.6 lm값을 Setting 한다.

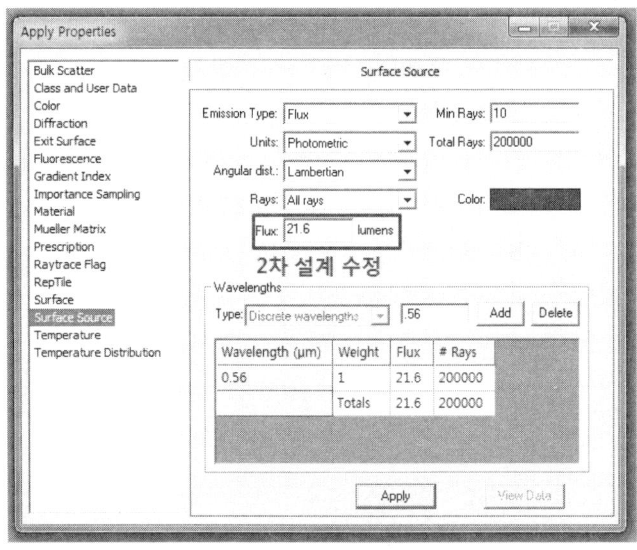

그림 1.15 수정사항 설정

④ 2차 설계사항 적용 데이터 검토

- Beam Angle(△θ): 120 °(LED Spec.과 일치)
- 중심 광도: 6 cd(Spec.값은 6 cd로 일치)
- Total Flux: 18 lm(Spec.값은 18 lm으로 일치)

*데이터 설정값은 21 lm이지만 손실을 감안할 경우 18 lm이 됨으로 실제 LED 광속값과 Setting값 차이를 혼동해서는 안된다.

→ 종합적으로 LED Spec.과 일치한다고 볼 수 있으며 이러한 방법으로 다른 Flux의 값을 갖는 LED를 설계할 수 있다.(Source Model 완성)

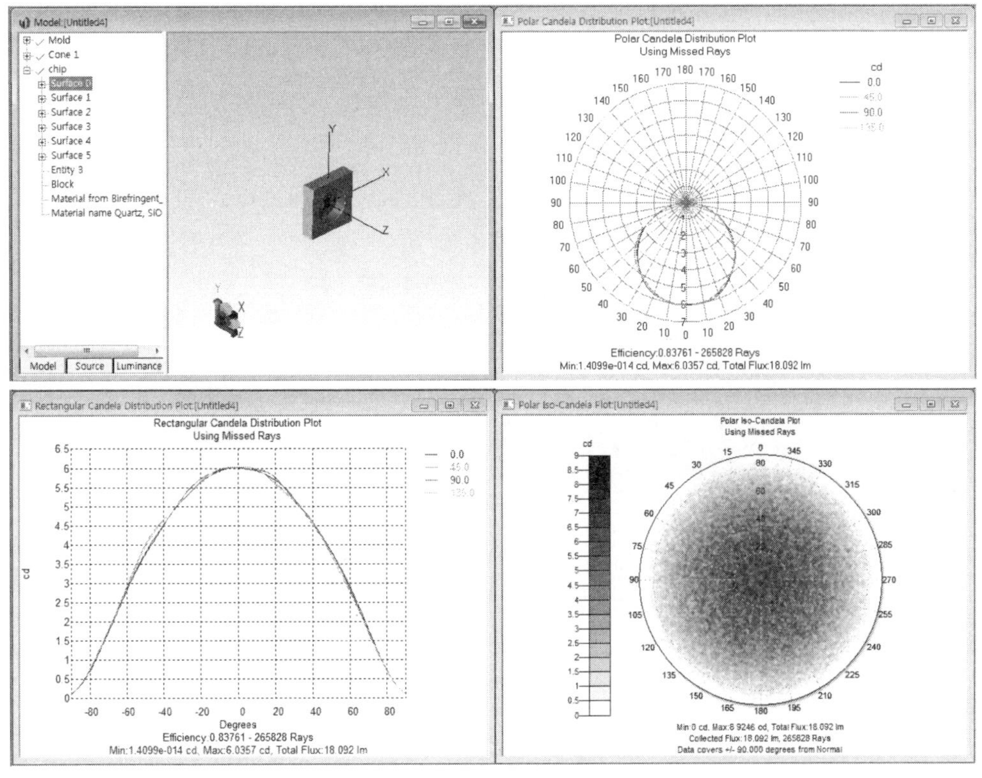

그림 1.16 최종 설계 결과값

1-3-2. Frame 및 광확산판 Modeling

평판형 면조명은 빛을 확산시키는 형태의 조명이므로 기구물 전면에 빛을 확산시키는 소자를 삽입하게 된다. 주로 광확산소재가 첨가된 플라스틱 판재 또는 플라스틱 투명판재에 패턴을 삽입하여 빛을 확산시키는 형태를 사용하여 제품디자인을 하

게 된다. 본 Simulation에서는 투명 PC판재에 표면에 패턴을 삽입하여 빛을 확산시키는 방법으로 Simulation을 수행하였으며 광확산판을 사용할 경우 Surface Property창에서 투과율, 반사율, 확산율등의 적절한 값을 설정해서 Modeling을 할 수 있다.

(1) Frame 설계

1) 직사각형 판재를 생성하기 위해서 Insert Primitive Solids 창을 활성화 시킨 후 Block Size를 300X300 사이즈에 판재 두께 1 mm를 추가하여 제작하며 높이는 임의로 40 mm를 적용한다.(X 302 mm, Y 302 mm, Z 41 mm)

   * 공간적 제약 및 LED Dot 현상을 개선하기 위해 높이는 적절히 조절 가능하다.

2) Block을 완성 후 내부 LED PCB를 삽입할 수 있는 공간 확보를 위해 Block Size를 300X300X40 mm로 생성한다.

3) Subtract기능을 사용하여 내부를 제거한다. 이 때 Frame의 바닥면의 Z축 위치는 -0.65 mm이므로 공간 확보를 위한 Block의 바닥면을 -0.65 mm에 일치하도록 Z값을 19.35 mm로 setting한다.

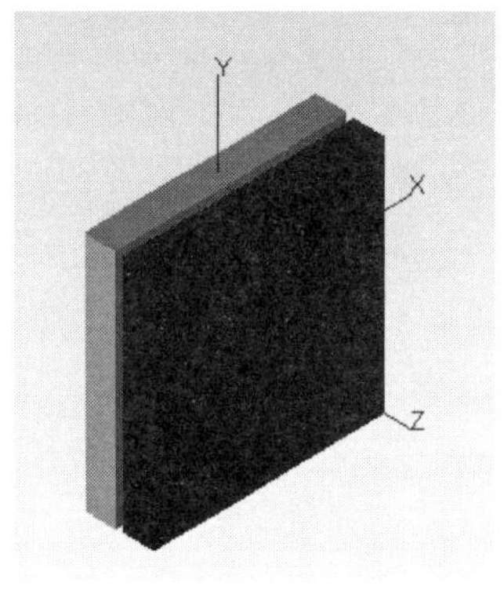

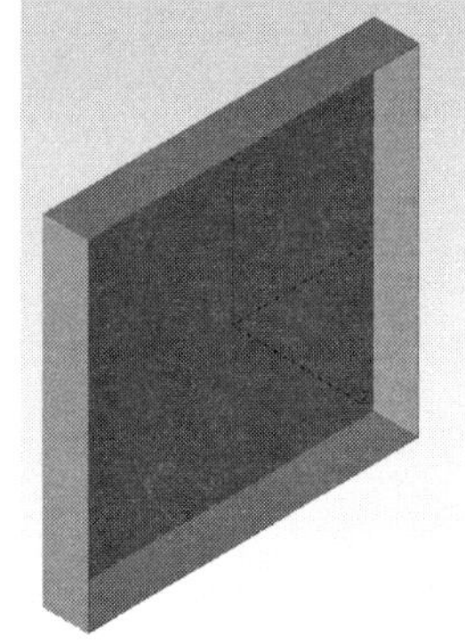

그림 1.17 Frame 생성

4) Frame 기구물 완성 후 Surface Properties창에서 Surface를 Diffuse White로 지정한다.(Diffuse White로 지정할 경우 빛이 투과 없이 모두 반사되는 특성을 가지므로 굳이 Material을 지정 할 필요는 없다.(Material 특성이 투과되는 성격의 재질일 경우는 Surface 및 Material 특성을 조건에 맞게 Setting해야 함)

(2) 광 확산판 설계

1) 광 확산판은 Insert Primitive Solids창을 활성화 시킨 후 Block Size를 302×302×2 mm 크기로 Setting 후 Block을 생성한다.(판재의 두께는 보편적으로 1.5~2 mm 두께를 주로 사용하며 두께가 너물 얇을 경우 판재의 휨 현상이 발생하며 반대로 너무 두꺼울수록 중량 및 광의 투과율 측면에서 불리한 결과를 초래함으로 필히 고려해야 할 사항이다.)

2) 완성된 판재를 클릭 후 Properties 창에서 Material을 Plastic Polycarb로 설정한다.

3) 표면 패턴을 형성하기 위해 Properties창에서 RepTile창을 활성화시킨다.
   * 판재 표면에 패턴을 삽입하기 위해서는 2가지 방법이 있다. 첫 번째는 RepTile 기능을 이용한 방법이며 두 번째는 패턴 Size의 기구물을 생성 후 판재로부터 Subtract기능을 이용해서 판재의 표면을 제거하는 방법이 있다. Subtract기능을 사용하기 위해서는 많은 양의 패턴을 일일이 좌표에 맞게 삽입해야 한다. 그러므로 상당히 많은 시간과 번거로움이 발생하고 RepTile기능은 원하는 셀 및 형상을 Setting 후 설정을 해주면 바로 표면형성이 되는 기능이므로 본 Simulation에서는 Reptile기능을 사용하여 Simulation을 진행하였다.

4) View Data 아이콘을 클릭 후 Reptile Property Editor창에서 Add Catalog 아이콘을 클릭해서 New Catalog Name을 Pattern1로 작성한 후 Add Property 창에서 마찬가지로 Property Name을 sphere1로 작성한다.

5) Variation Type은 Constant, Geometry Type은 Sphere, Tile Type은 Rectangles로 지정한다.(설정값은 Simulation 시 임의로 지정한 값이므로 사용자가 원하는 패턴을 선택적으로 사용가능하다.)

6) 설정 후 Editor 창에서 오른쪽 상단에 Bump라고 표시된 부분을 눌러 Hole로 변환시킨다.(Bump는 패턴 형상이 양각, Hole은 음각으로 간주할 수 있다)

7) Editor창의 하단에 원하는 Radius, Depth를 설정한다.(R 1.5, Depth 1.5로 설정)

8) Tile Parameters에서 Width를 3, Height를 3으로 Setting한다.

9) Setting완료 후 저장아이콘을 클릭하여 데이터를 저장한다.

그림 1.18 RepTile 생성

10) Model 창에서 좌측의 Block아이콘에서 Surface1을 선택 후 다시 Apply Properties창으로 돌아와 Reptile창에서 Pattern1, sphere1 Data로 설정한다.(Reptile을 적용하기 위한 표면을 내측으로 지정하기 위해 Surface1 을 설정하였음)

11) Width를 300, Height를 300으로 설정한다.(설정값은 등기구 Frame의 사이즈와 동일하게 설정하였으며 Boundary Center 및 Origin For Tile의 좌표값은 Panel이 위치한 값을 따라감으로 따로 설정 할 필요는 없다)

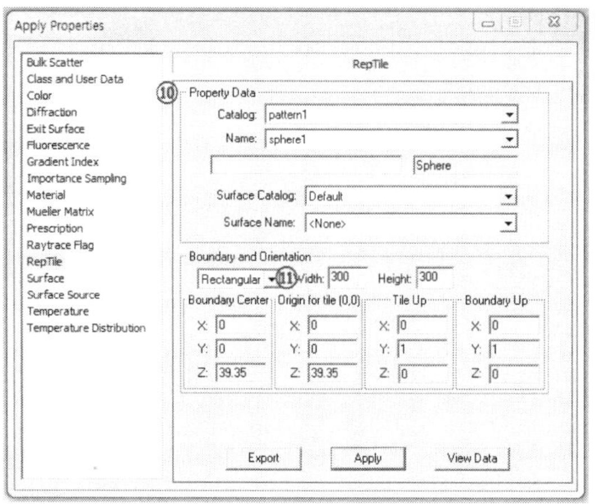

그림 1.19 RepTile 적용

12) 설정 완료 후 Setting값의 확인을 위해 프로그램 상단의 View창에서 Silhouettes로 설정 후 Display Reptiles에서 RepTiles & Boundary를 체크한다.(반드시 Reptiles를 체크해야만 형상이 나타남으로 주의할 것)

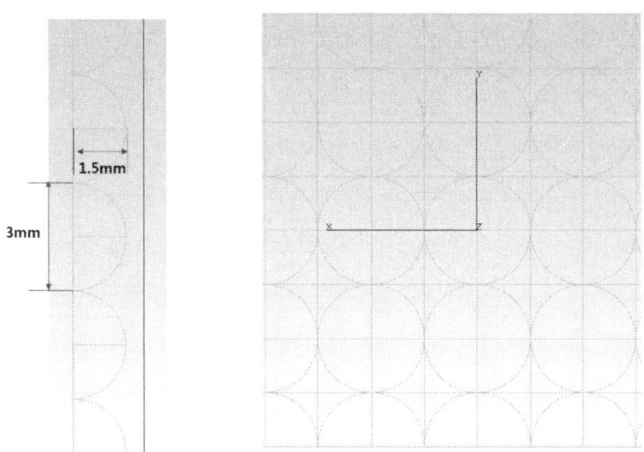

그림 1.20 RepTile 배치도

* Simulation 시 또는 형상 생성과 같은 작업 진행 시 Reptile창을 꺼두어야 진행속도에 영향을 주지 않음으로 형상 확인 이후에는 Reptile을 View창에서 Off시켜 둘 것

1-3-3 LED 수량 결정 및 Array

LED 수량 결정을 하기 위해서는 LED 단품에 대한 소비전력과 기구물의 소비전력의 비를 통해 결정할 수 있다. 앞에 설정 값에서 단품 LED의 소비전력을 0.2 W, 등기구 총 소비전력을 10 W 로 설정하였음으로 총 LED의 개수는 50EA가 산출된다. 배열은 가로 세로 정사각형임으로 동일한 배열로 할 경우 7X7의 배열로 구성할 수 있으며 총 LED 수량은 49 ea가 된다. 간격은 등 배열로 할 경우 X축 37.5 mm, Y축 37.5 mm로 간격설정을 해준다.

LED를 배열시 LED 수량이 많고 RapTile을 적용하여 내부 전반사 등의 빛의 경로가 복잡하여 메모리 사용량이 증가하기 때문에 LED Ray개수를 3,000 ea로 줄여 총 Ray 개수가 147,000 ea 정도가 되도록 Setting을 한다. Ray개수가 많을수록 좀 더 정확한 Simulation 데이터를 얻을 수 있지만 과도하게 많을 경우 Simulation 소요시간이 오래 걸리거나 메모리 부족 현상이 나타날 수 있음으로 적절한 수량 조절이 필요하다.(반드시 LED Array 전에 LED Source를 Setting해 주어야 Array시 개별로 Source

수량을 지정해 주는 번거로움을 피할 수 있다.)

*메모리부족창이 뜰 경우 Ray개수를 줄여 재 Simulation을 진행해야 한다.

(1) LED Array

1) LED를 중심(X 0, Y 0, Z -0.65)에 위치시킨다.

2) Move창에서 Relative로 설정하고 +X축으로 37.5 mm 입력한 후 3 ea를 Copy한다.

3) -X축으로 -37.5 mm를 입력 후 3 ea를 Copy한다.

4) 한 줄이 7 ea가 생성된 것을 확인 후 7 ea 전체를 동일한 방법으로 +Y축으로 37.5 mm 간격으로 3줄을 Copy하고 다시 -Y축으로 -37.5 mm 씩 3줄을 Copy한다.

5) XY평면상에서 7X7 배열을 최종 확인한다.
*Array 시 반드시 LED Mold, chip, Silicone 3종을 동시에 클릭해서 Copy하는 절차를 염두에 두어야 한다.

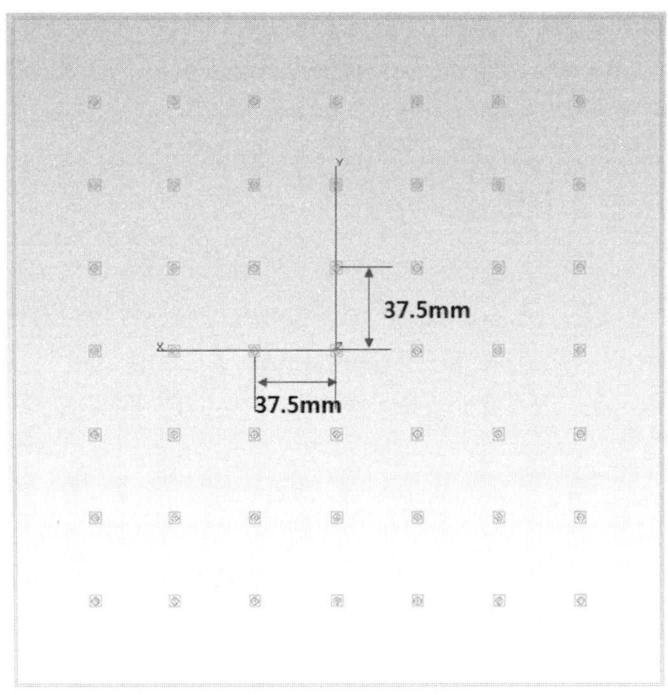

그림 1.21 LED 배치도

(2) LED, Frame, 광확산판 배열(X축:0, Y축:0 동일)

1) Frame Z축 좌표: -0.65(Frame의 LED가 맞닿는 안쪽 바닥면 기준)

2) LED Z축 좌표: -0.65(LED Mold의 외곽 바닥면 기준)

3) 광확산판 Z축 좌표: 39.35(Frame과 광확산판이 맞닿는 안쪽 바닥면 기준)

1-3-4. Simulation을 통한 특성 분석

(1) Simulation 진행

배열 완료 후 화면의 상단 Trace Ray 아이콘을 클릭하여 Simulation을 진행한다.

(2) Simulation 결과 검토

1) Candela Option 설정: 위의 LED 설계 시 Setting값 동일 적용

2) Simulation 완료 후 상단의 Polar Candela Distribution Plot창, Rectangular Candela Distribution Plot창, Polar Iso-Candela Plot창을 클릭하여 Candela 분포 결과 값을 검토한다.

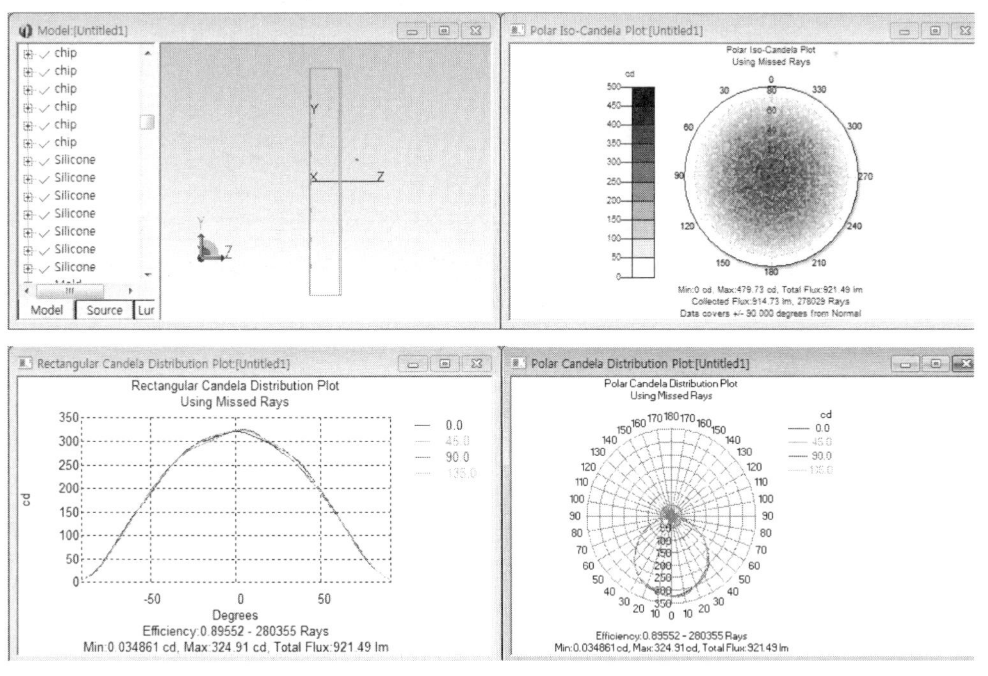

그림 1.22 Simulation 결과 Graph

- Beam Angle(△θ): 110 °
- 중심광도: 324 cd
- Total Flux:921 lm
- 광효율: 92 lm/W(회로부분에서 발생하는 Loss는 제외한 값임)
- 소비전력: 10 W

(3) Simulation Candela 결과값 데이터 산출

Beam Angle의 값은 그래프로도 확인 가능하지면 수치적 값을 원할 경우 txt파일 형태 또는 ies 파일 형태로 출력가능하다.

1) 텍스트파일 저장방법: Simulation 완료 후 Rectangular Candela Distribution Plot창에서 마우스 오른쪽 클릭한 후 Save As를 선택해서 파일형식을 txt로 선택해서 저장한다.
2) IES 파일 저장방법: Rectangular Candela Distribution Plot 창에서 마우스 오른쪽 클릭한 후 Save As를 선택해서 파일형식을 ies로 선택한다. 그러면 IES File Defaults 설정창이 나타나며 하기 Setting값을 설정한 후 저장한다.
   - Vertical angles: 19(수직각을 얼마나 세분화 시킬 것인가를 결정하는 창으로서 좀 더 세밀하게 값을 추출하기 위해서는 대략 50정도로 Setting 할 수 있다.)
   - Symmetry Horizontal: 0-360 degrees
   - Symmetry Vertical: 0-180 degrees
   - Luminous Dimensions: 0(램프의 정확한 사이즈를 알 경우 설정 가능하며 모를 경우 입력을 안 해도 상관없다. 추후 Relux와 같은 Simulation 프로그램에서 데이터 파일을 이용 시 Dimension 재설정 가능하다.)

(4) TXT File 분석

TracePro Release: 6 0 4
Rectangular Candela Distribution Data for C:₩Users₩khban₩Desktop₩Untitled1.OML
Data covers +/- 90.000 degrees from Normal
Data for Missed Rays
Data generated at 00:27:16 April 28, 2010

수평측 각도

	0.0	45.0	90.0	135.0	180.0	225.0	270.0	315.0
0.000	321.482	323.607	322.381	323.247	321.482	323.607	322.381	323.247
5.000	319.032	324.308	324.906	323.636	318.389	316.969	317.151	320.1
10.000	312.81	319.085	321.419	318.823	311.779	307.866	312.883	315.534
15.000	305.035	310.248	311.372	309.833	304.969	300.525	309.738	309.142
20.000	295.581	299.223	297.139	300.921	299.217	293.717	302.653	300.164
25.000	285.397	285.777	280.982	290.465	289.604	284.428	287.594	288.313
30.000	276.5	275.401	268.434	275.651	276.024	273.916	272.629	274.902
35.000	262.369	263.842	253.686	254.357	258.697	259.16	255.898	256.978
40.000	243.271	246.265	234.483	231.547	237.702	240.55	235.881	237.277
45.000	221.089	222.223	212.684	210.842	213.61	218.164	212.475	217.559
50.000	195.242	196.391	189.212	190.269	188.686	192.433	188.084	195.226
55.000	167.725	170.611	164.441	166.321	164.384	165.189	166.029	168.215
60.000	141.107	143.344	138.807	138.443	140.194	139.011	143.43	138.538
65.000	114.419	113.984	111.021	110.019	113.845	114.195	116.448	109.609
70.000	82.4969	80.2365	78.0695	79.9514	80.3907	84.133	83.2662	78.5373
75.000	55.7185	53.8662	52.1857	55.0597	52.4294	56.8058	56.1889	53.4558
80.000	32.6887	32.1227	31.0146	32.4477	30.0561	32.5789	32.8999	31.6004
85.000	15.6388	16.0531	15.4484	15.5538	14.5464	15.4294	15.8094	15.3049
90.000	6.07574	6.45274	6.20868	6.21754	5.61664	6.08	6.34535	6.07762

수직측 각도

평판형 LED 형광등 등기구 TXT 결과값)

맨 윗줄이 수평축 각도가 되고 오른쪽이 수직축 각도가 된다. 그러므로 수평축 0도에서 각도별 칸델라 값을 보려면 두 번째 줄의 값을 확인하면 각도별 칸델라 값을 쉽게 알 수 있다.

0도에서 candela값이 321 cd이며 321 cd의 절반 값인 160 cd값의 각도를 보면 대략 55도 부근임을 알 수 있으며 이러한 방법으로 Beam Angle값을 확인 가능하다.

(5) IES File 분석

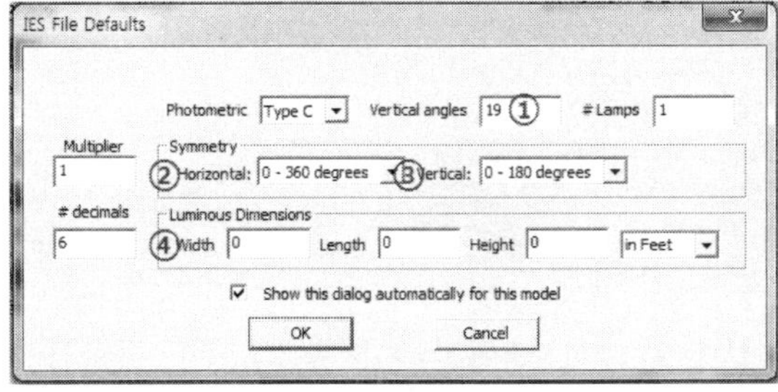

```
IESNA:LM-63-2002
[TEST]Generated by TracePro Release: 6 0 4
[MORE]C:₩Users₩khban₩Desktop₩Untitled1.OML
TILT=NONE
                              ①
1 1029,000000 1,000000 19 9 1 1 0,000000 0,000000 0,000000 ④
1 1 1
③ 0,00 10,00 20,00 30,00 40,00 50,00 60,00 70,00 80,00 90,00 100,00 110,00 120,00
130,00 140,00 150,00 160,00 170,00 180,00
② 0,00 45,00 90,00 135,00 180,00 225,00 270,00 315,00 360,00
322,679185 312,810014 295,580685 276,499588 243,270582 195,241590 141,106848
82,496851 32,688676 6,075739 1,662234 1,157515 0,863254 0,970911 0,726305
0,439442 0,461733 0,337542 0,050992
322,679185 319,085169 299,222795 275,400599 246,265500 196,391249 143,344203
80,236503 32,122660 6,452736 1,553648 1,358983 1,245497 0,906815 0,834278
0,671561 0,435320 0,301438 0,050992
322,679185 321,418603 297,139283 268,433899 234,482852 189,211758 138,806625
78,069468 31,014568 6,208684 1,180202 1,035762 0,982384 0,848454 0,843134
0,580483 0,249465 0,143715 0,050992
322,679185 318,823188 300,921088 275,650879 231,546838 190,269499 138,442644
79,951445 32,447699 6,217544 1,951853 1,618744 1,809753 1,664284 1,559324
0,985812 0,323140 0,164459 0,050992
322,679185 311,778556 299,216606 276,024281 237,701641 188,686280 140,194338
80,390690 30,056135 5,616637 0,925425 1,023571 0,989483 0,916121 0,879765
0,722988 0,428590 0,211218 0,050992
322,679185 307,866354 293,716703 273,916279 240,549728 192,433157 139,010536
84,132979 32,578854 6,080002 1,386721 1,197520 1,316642 1,123579 1,032815
0,653818 0,341755 0,101291 0,050992
322,679185 312,883104 302,653205 272,628943 235,880910 188,083574 143,430105
83,266182 32,899895 6,345355 1,694522 1,307181 1,006001 0,839529 0,497939
0,485492 0,413256 0,162920 0,050992
322,679185 315,533699 300,164097 274,901763 237,277344 195,226346 138,537760
78,537250 31,600394 6,077620 1,467250 1,261898 1,012281 0,638282 0,720094
0,763563 0,361099 0,209509 0,050992
322,679185 312,810014 295,580685 276,499588 243,270582 195,241590 141,106848
82,496851 32,688676 6,075739 1,662234 1,157515 0,863254 0,970911 0,726305
0,439442 0,461733 0,337542 0,050992
```

IES파일은 TXT파일에 비해서 해석하는 방법이 조금 까다롭다. 위의 그림에서 첫 번째 설정창은 IES 파일 저장 시 조건 Setting창이며 아래 그림이 IES 파일의 내용이다.

설정창에서 표기된 수치가 IES화일에 나타나 있음으로 확인 가능하며 Box 표기 이외의 부분부터 Candela값이 된다.

Candela값이 나타나는 첫째 줄부터 셋째 줄까지 값이 수평축 0도 조건에서 수직축 10간격으로 180도까지 총 19개의 Candela값을 나타낸다고 해석하면 된다. 나머지 줄도 같은 형식으로 볼 수 있다.

2. MR 타입 대체용 LED Lamp

MR 타입 LED Lamp은 기존 할로겐램프의 대체용으로서 기존램프 대비 약 80 %의 소비전력 절감을 얻을 수 있다. 일반 할로겐램프의 광효율이 대략 20 lm/W 수준이며 현재 사용되고 있는 LED는 최소 100 lm/W이상의 성능을 나타낸다. 이러한 LED들이 상당히 보편화 되어 있으므로 확실한 전력감소를 볼 수 있는 제품이다. MR타입 대체용 LED Lamp의 제품은 3 W에서 8 W급까지 다양한 종류의 제품들이 출시되고 있다. 3 W급은 기존 할로겐램프 사이즈와 동일한 사이즈의 제품으로서 공간적 제약(기존램프 등기구와의 호환성) 때문에 방열판의 사이즈가 정해져 있으므로 그 정해진 사이즈 내에서 얼마나 효과적인 방열구조를 설계 해 내는가가 관건이다. 8 W급은 3 W에 비해 발열 온도가 높으므로 방열판의 크기가 증가해야 한다. 이 때문에 방열판을 등기구 일체형으로 출시되고 있다.

국내 표준 규격으로는 KS 표준 “컨버터 외장형 LED 램프의 안전 및 성능 요구사항 KS C 7652:2010”, “고효율 에너지기자재보급 촉진에 관한 규정 39항 컨버터 외장형 LED램프의 인증 기술기준 및 측정방법” 이 제정되어 있다. MR 타입 LED 램프는 기존 등기구내의 안정기를 이용하는 제품이기 때문에 컨버터 외장형 램프군에 속하며 안전기 타입은 AC/DC 12V용이 주류를 이루고 있다.

2-1 국내 표준 규격(광학적 특성부분 발췌)

2-1-1 KS 표준
(㉿ 컨버터 외장형 LED 램프의 안전 및 성능 요구사항 KS C 7652:2010)

(1) LED 램프의 종류 구분

형상 구분으로는 렌즈 및 Reflector 삽입 유무에 따른 빛 지향형, 빛 확산형으로 나뉘며 정격전압은 3종, 정격전력은 6종으로 구분하였다.

MR 타입 LED 램프는 소비전력이 낮음으로 인해 광속양이 작아 대부분 렌즈를 삽입해서 국부조명(Spot 조명)에 쓰이는 각도를 갖는 빛 지향형, 정격전압으로는 AC/DC 12 V 제품의 종류가 대부분이다.

표 1.6 LED Lamp 종류 구분

구분	종류
형상	빛 지향형(각도가 있는 것.)
	빛 확산형(각도가 없는 것.)
정격전압 V	12
	24
	48
정격전력 W	5 이하
	5 초과 10 이하
	10 초과 15 이하
	15 초과 20 이하
	20 초과 25 이하
	25 초과 30 이하

(2) 캡의 형태

캡의 분류는 총 7종으로 구분하고 있으며 국내에서 캡의 형태는 GU5.3이 주류를 이룬다.

표 1.7 캡의 형태에 따른 분류

캡 형태	표 번호	
	KS C IEC 60061－1 램프 캡	KS C IEC 60061－3 게이지
G4	7004－72	7006－72
GU4	7004－108－2	7006－108
GU5.3	7004－109	7006－109
GY5.3	7004－73B	7006－73C
GX5.3	7004－73A	7006－73B
GY6.35	7004－59	7006－61
GU7	7004－113	7006－113

(3) 점등 특성

LED 램프는 －10 ℃와 40 ℃에서 미 점등 상태로 각각 1시간 동안 방치한 후, 정격전압의 92 %와 106 %에서 점등되어야 한다.

(4) 초기 특성

LED 램프를 정격전압을 인가하여 100시간 에이징 후 광속, 연색성, 색 온도, 광효율을 측정한다. 적합성은 6항 표를 만족하여야 한다.

(5) **광속유지율**

초기 특성 측정 시간을 포함하여 LED 램프에 정격전압을 가하여 2000시간 에이징 후 광속을 측정한다. 광속 유지율은 6항 표를 만족하여야 한다.

(6) **LED 램프의 광학적 특성 기준**

컨버터 외장형 LED 램프의 색온도 기준은 다른 타입의 KS기준(컨버터 내장형 LED 램프의 안전 및 성능 요구사항, 매입형 LED 등기구의 안전 및 성능 요구사항)과 동일하다.

등기구의 광효율은 색온도별로 차이가 있다. Warm White(3000K)의 경우 50 lm/W, Neutral White(5000 K)이상의 경우 60 lm/W이므로 LED 선정 시 광효율을 고려해서 선정 및 설계해야 한다.(기본적으로 LED 효율이 KS광효율 기준치의 40 %이상 높은 제품을 사용해야 제품 모듈화 한 후 회로 Loss, 렌즈 및 커버 loss를 감안해서 KS기준치를 만족할 수 있다.)

표 1.8 광학적 특성 분류

항목	성능 기준	
초기 광속	정격광속의 95 % 이상	
광속유지율	초기 광속 측정값의 90 % 이상	
연색성	70 이상	
구분(K)	색 온도(K)	광효율(lm/W)
6 500	6 530±510	60
5 700	5 665±355	60
5 000	5 028±283	60
4 500	4 503±243	55
4 000	3 985±275	55
3 500	3 465±245	55
3 000	3 045±175	50
2 700	2 725±145	50

(7) **지향각 특성**

빛 지향형 LED 램프는 100시간 에이징 후 제품에 표시된 각도 범위 내에서 제품에 표시된 정격광속의 80 % 이상이어야 한다.

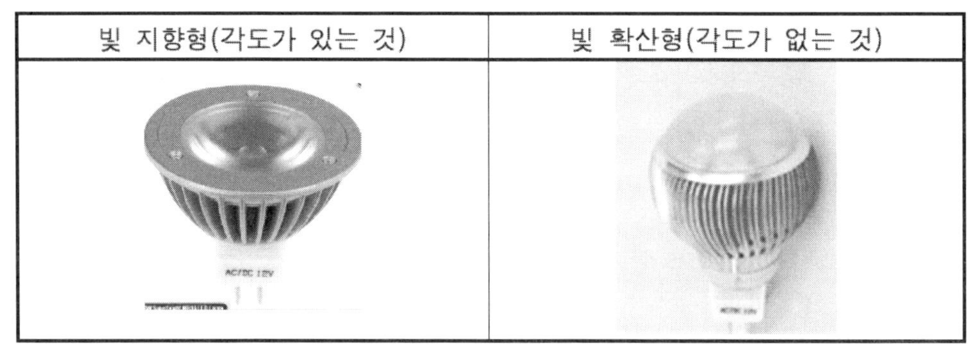

그림 1.23 LED Lamp 예시

* 빛 확산형의 경우 각도표기의 의무사항은 없다.

(8) LED 조명 KS인증 단계별 업그레이드 계획

LED의 성능이 계속해서 향상됨에 따라 연도별 광효율을 약 10 m/W 씩 증가하는 것으로 인증 업그레이드 계획이 수립되어 있으며 현재 개발된 LED 특성으로 충분히 만족할 수 있는 상황이라고 할 수 있다.

표 1.9 KS 인증 계획

시험항목	KS 인증 수준				비고
	2009년	2010년	2011년	2012년	
광효율(lm/W)	45~55	50~60	60~70	70~80	할로겐 램프 대체 수준(광속)
광속유지율(시간)	2 000	3 000	4 000	6 000	IEC 국제표준 수준
연색성(演色性)	70	75	80	85	할로겐 램프 대체 수준

2-1-2. 고효율 에너지기자재보급 촉진에 관한 규정 (지식경제부고시 제 2009-202호 고효율 에너지기자재 보급 촉진에 관한 규정 39항 컨버터 외장형 LED램프의 인증 기술기준 및 측정방법)

(1) 램프의 광출력 기준

고효율 기준에서는 KS기준과 비교했을 때 광효율을 색온도별로 차별화를 하지 않고 소비전력별로 차등을 두었으므로 혼동하지 않도록 주의해야 한다.

표 1.10 램프 구분 및 광출력 기준

항 목	5 W이하	5 W초과 10 W이하	10 W초과 15 W이하	15 W초과
초 기 광 속	정격광속의 90 %이상			
광속유지율	초기광속 측정값의 90 %이상			
광 효 율	50 lm/W	55 lm/W	58 lm/W	60 lm/W

(2) LED **램프의 광원색 분류**

색온도는 KS와 동일하며 연색성지수가 색온도에 상관없이 70이상으로 제정되었다.

표 1.11 색온도 및 연색성 분류

색온도(K)	색온도범위(K)	연색평가수(Ra)
6500	7040 ~ 6020	70 이상
5700	6020 ~ 5310	70 이상
5000	5311 ~ 4745	70 이상
4500	4746 ~ 4260	70 이상
4000	4260 ~ 3710	70 이상
3500	3710 ~ 3220	70 이상
3000	3220 ~ 2870	70 이상
2700	2870 ~ 2580	70 이상

2-2. 목표 Spec.선정

2-2-1. 국내표준규격

KS표준(㉿ 컨버터 외장형 LED 램프의 안전 및 성능 요구사항 KS C 7652:2009)

2-2-2. 색온도

5000 K(일반적으로 가장 많이 사용되는 보편적인 색온도 설정)

2-2-3. 연색성: 70

2-2-4. LED Lamp의 지향각: 60도

2-2-5. LED 램프의 정격전력: 3 W

2-2-6. Source LED 선정

(1) MR16 LED Lamp의 경우 방열판의 사이즈가 작아 공간적 제약이 발생하므로 평판형 면조명에서 사용되었던 0.2 W급의 LED는 사용이 불가하므로 1 W용 Power LED를 선택하였으며 수량은 소비전력이 3 W이므로 3 ea를 적용하였다.

(2) LED 상세 Spec.(출처: Cree XP-C LEDs)

1) LED Size: 3.45X3.45X2 mm

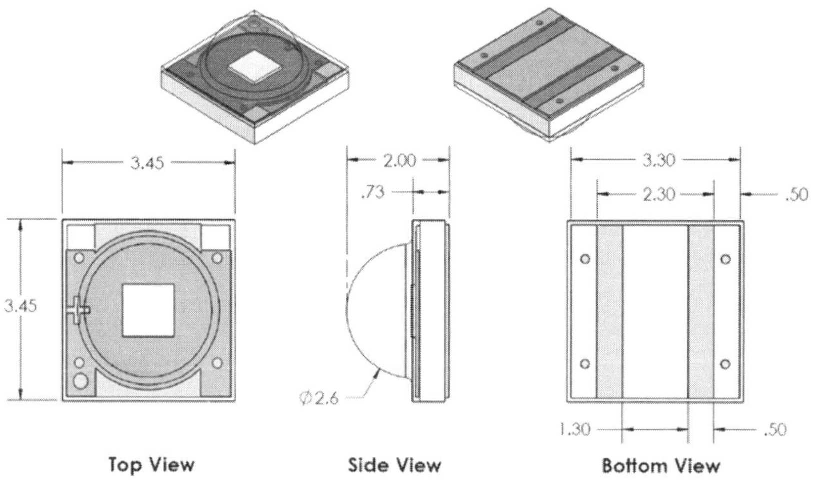

그림 1.24 LED PKG Dimension

2) Beam Angle(△θ): 115°~125°

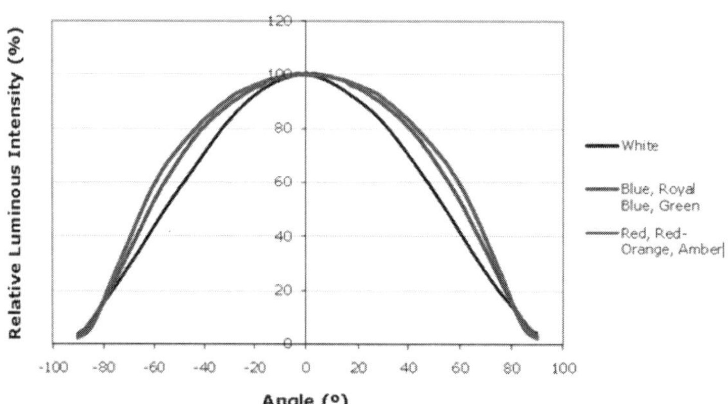

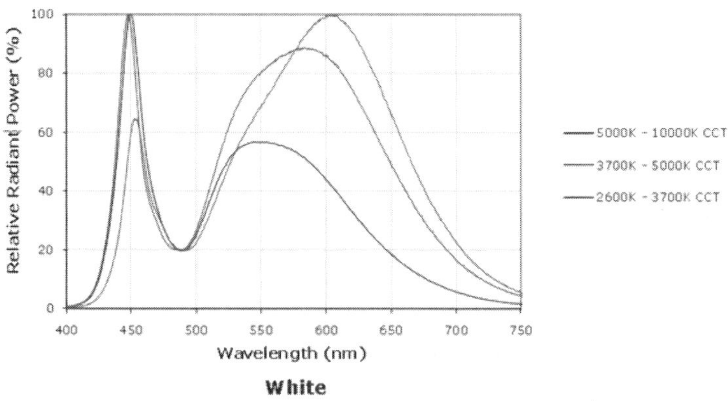

그림 1.25 radiation diagram & Spectrum

3) Total Flux(@350mA): 100 lm

4) CRI: 〉70

표 1.12 LED Flux Spec.

Color	CCT Range		Base Order Codes Min Luminous Flux (lm) @ 350 mA		Order Code
	Min.	Max.	Group	Flux (lm)	
Cool White	5,000 K	10,000 K	P4	80.6	XPCWHT-L1-0000-00901
			Q2	87.4	XPCWHT-L1-0000-00A01
			Q3	93.9	XPCWHT-L1-0000-00B01
			Q4	100	XPCWHT-L1-0000-00C01

2-3. Modeling

모델링의 순서는 앞서 평판형 LED 면조명 설계 시와 동등하게 진행한다. Source의 Spec.을 적용한 Source Modeling 완료 후 LED위에 삽입 될 2차 렌즈 설계, LED Lens Module 배열 순서로 이루어진다.

2-3-1. Source(LED) Modeling

(1) 필수 요구 항목

- LED Package Dimension
- Chip 수량 및 사이즈
- 봉지재(Silicone) 굴절율

L E D 조명 광학설계 이론 및 활용 II

- LED Total Flux

*봉지재의 굴절률을 모를 경우 일반적으로 사용되는 값 1.52를 적용한다.

(2) LED 설계

1) Mold Modeling

① 윗줄 메뉴 바에서 Insert 클릭 후 Primitive Solid 선택

② 맨 왼쪽 Block 항목에서 입수된 도면 Spec.에 따라 X축(3.45 mm), Y축(3.45mm), Z축(0.73mm) 값 설정 후 Insert 클릭(2-2-5항목 참고)

* Cree사 XP-C LED의 경우 0.2 W급의 5050 PKG와 다르게 Ceramic Base 위에 chip을 바로 와이어 본딩하는 구조로 이루어 져 있음으로 내부의 칩이 위치하는 반사판을 따로 설계할 필요가 없다. 그러므로 Block 하나만 Modeling하면 Mold 부분은 완성이 된다. 하지만 상측면의 구조가 렌즈형태이므로 렌즈형상을 삽입해 주어야 하는 절차가 추가가 된다.

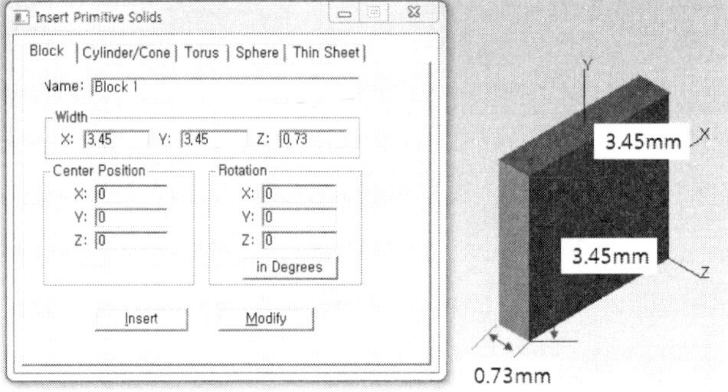

그림 1.26 Mold 생성

③ Mold 외곽 도면이 완성된 후 Material 및 Surface 지정하기 위해 Block 아이콘을 클릭 후 오른쪽 마우스를 클릭해서 Apply Properties창을 활성화 시킨다.

④ Material을 클릭 후 Catalog에서 Plastic, Name에서 Polycarb를 선택한다. (평판형 면조명 설계 시와 동일)

⑤ Surface창에서 Catalog는 Default, Name은 Diffuse White로 선택한다. (1-3-1항 참고)

2) Chip Modeling

*Power LED Chip의 경우 단일 칩의 형태가 보편적이며 LED Chip의 사이즈는 임의로 지정하였다.

① Insert Primitive Solids 입력창에서 Chip 사이즈(X 1 mm, Y 1 mm, Z 0.1 mm) 입력 후 Insert

② Z축으로 Mold와 Chip의 닿는 면을 일치시키기 위해 Chip Z축 좌표 값을 0.415 mm로 Setting한다.

* 각각의 위치 좌표를 알기 위해서 Measure Geometry라는 아이콘을 사용해서 쉽게 구할 수 있다. 위의 생성된 Mold와 Chip을 정렬할 때 Geometry라는 창을 활성화 시키면 각각의 Model들의 꼭짓점이 활성화 된다. 첫 번째 Mold에서 Chip과 닿는 면의 꼭짓점을 선택하면 그 점에 대한 좌표가(-1.725, 1.725, 0.365 생성이 되며 다음으로 Chip에서 Mold와 닿는 면의 꼭짓점을 선택하면 그 지점의 좌표값(-0.5, 0.5, 0.365)이 생성된다. 그리고 두 지점에 대한 X축, Y축, Z축 간의 간격(1.225, 1.225, 0.00)도 함께 표시된다.

Geometry창에서 첫 번째 좌표축과 두 번째 좌표축의 Z값이 0.365 이며 간격이 0이므로 Mold와 Chip이 서로 닿고 있는 상태임을 알 수 있으며 Block생성 후 Z축의 좌표값 설정은 Block Z값 두께의 1/2되는 지점이 원점이 됨으로 항상 두께 값의 1/2값을 더하거나 빼주어야 한다. 그러므로 Mold Z축 좌표값 0.365+0.05=0.415 값이 되며 이 값을 Z축 좌표에 Setting하게 된다.

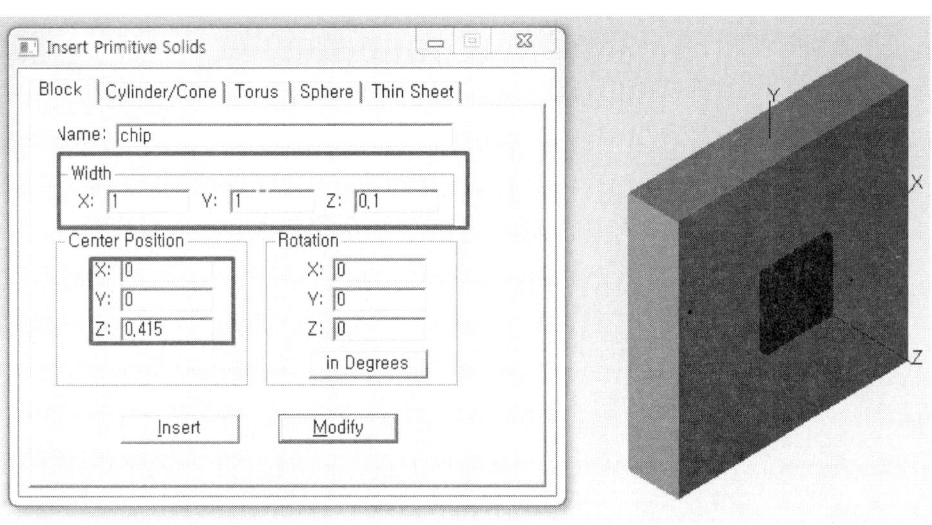

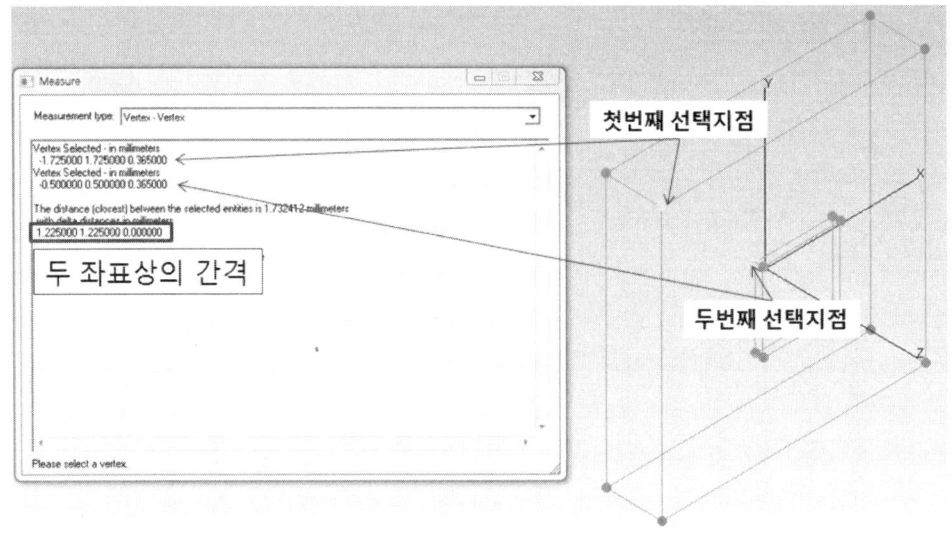

그림 1.27 Chip설정 및 Mold&Chip 위치

③ Apply Properties 창에서 Material 선택 후 Catalog에서 Quartz Name SiO_2를 선택한다.(적용된 Material은 LED 평판형 면조명에서 작성된 값을 사용하였음)

④ 화면 오른쪽 창에서 chip 아이콘을 클릭한 후 Surface 중에서 Surface0 (Chip의 상면) 클릭 후 Apply Properties 창에서 Surface Source 창 클릭 및 Source 설정

- Emission Type: Flux
- Units: Photometric
- Angular Distributions: Lambertian
- Total Rays: 200,000
- Flux: 100(LED Spec.상에서 제시한 값 적용)
- Wavelengths: 0.56

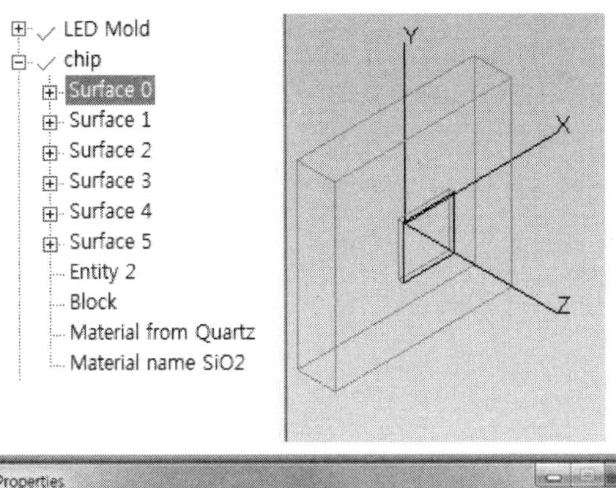

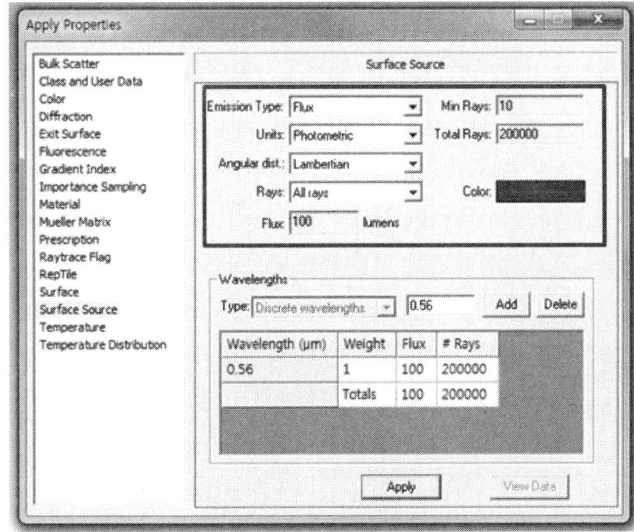

그림 1.28 Chip Ray 설정

3) LED 1차 렌즈(봉지재) Modeling

*일반적으로 봉지재 역할 및 렌즈 역할을 하는 재질로 Silicone이 사용되며 굴절률은 1.52의 값을 갖는다. 정확한 재질을 모름으로 일반적으로 사용되는 상기 제시한 값으로 설정한다.

① Insert Lens Element창을 활성화 시킨 후 LED Spec.과 동일하게 설정한다.

- Thickness: 1.27 mm
- Material Catalog/Name: Silicone/Silicone LED(본 설정값은 LED 평판형 면조명에서 새로 입력한 값이며 굴절률은 1.52임)
- Surface 2 Radius: -1.3mm

L E D 조명 광학설계 이론 및 활용 II

- Position: X 0, Y 0, Z 0.365(렌즈 삽입 시 Z축의 원점은 Surface 1면을 0으로 나타낸다. 그러므로 Mold의 상면과 일치하는 면이 Surface 1면이기 때문에 Z축의 값을 0.365로 Setting해야 한다.)

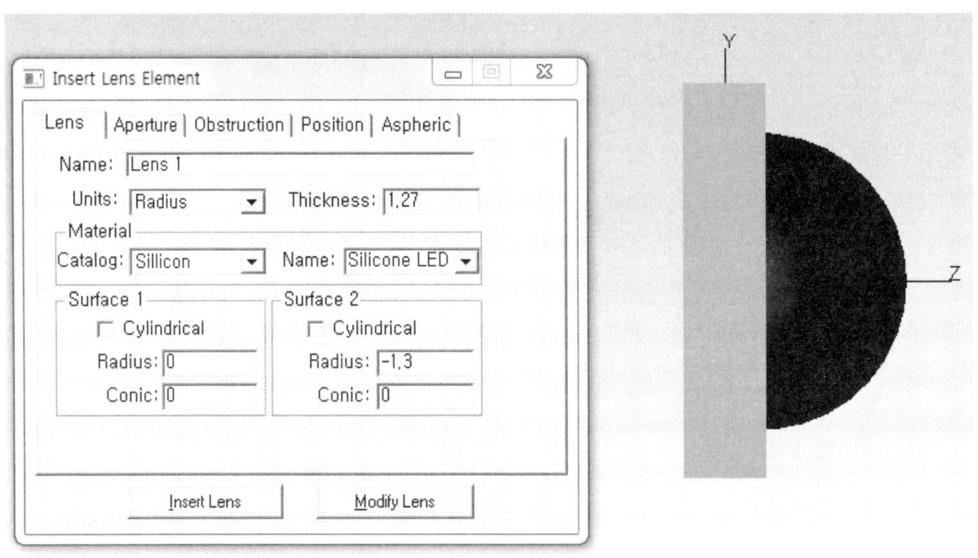

그림 1.29 1차 Lens 생성

② 생성된 렌즈에서 Chip의 위치하는 공간만큼 비워 두어야 하기 때문에 좌측 상단의 Chip 아이콘을 카피해서 동일한 위치에 붙여넣기를 한 후 Subtract 기능을 사용하여 동일한 공간을 빼준다.

4) Candela Option설정

Candela Option은 LED 평판형 면조명과 동일하게 설정한다.

5) LED 설계 검토

① 상단의 메뉴 바에서 Trace Ray 아이콘 클릭 후 Simulation 진행

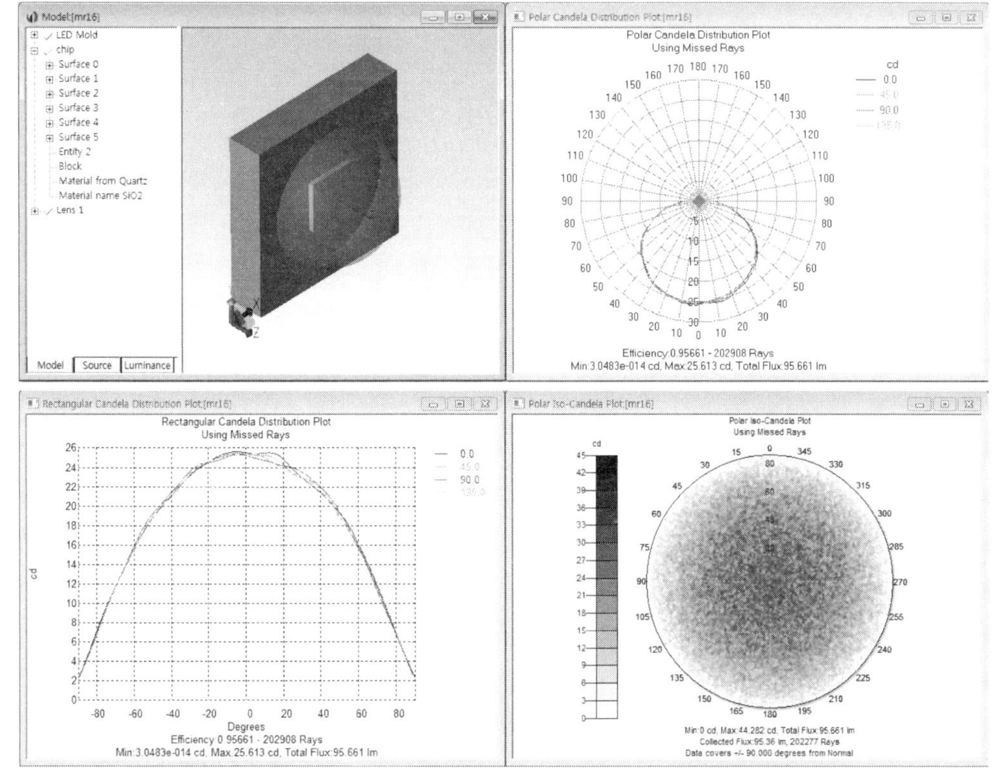

그림 1.30 LED Simulation

② 검토 결과

- Beam Angle(△θ): 125 °(LED Spec.과 일치)
- Total Flux: 95.661 lm(Spec.은 100 lm으로 불일치)

→ 종합적으로 Flux가 매질간의 표면 반사손실로 인해 Spec.대비 약 95 %의 결과값을 얻음

③ 1차 설계사항 수정

1차 설계에서 지향각은 일치하고 Flux 값이 약 5 %낮게 나왔음으로 Surface Source창에서 Flux 값을 100 lm에서 5 % 증가한 105lm값을 Setting한다.

④ 2차 설계사항 적용 데이터 검토

- Beam Angle(△θ): 125 °(LED Spec.과 일치)
- Total Flux: 100 lm(Spec.값은 100 lm으로 일치)

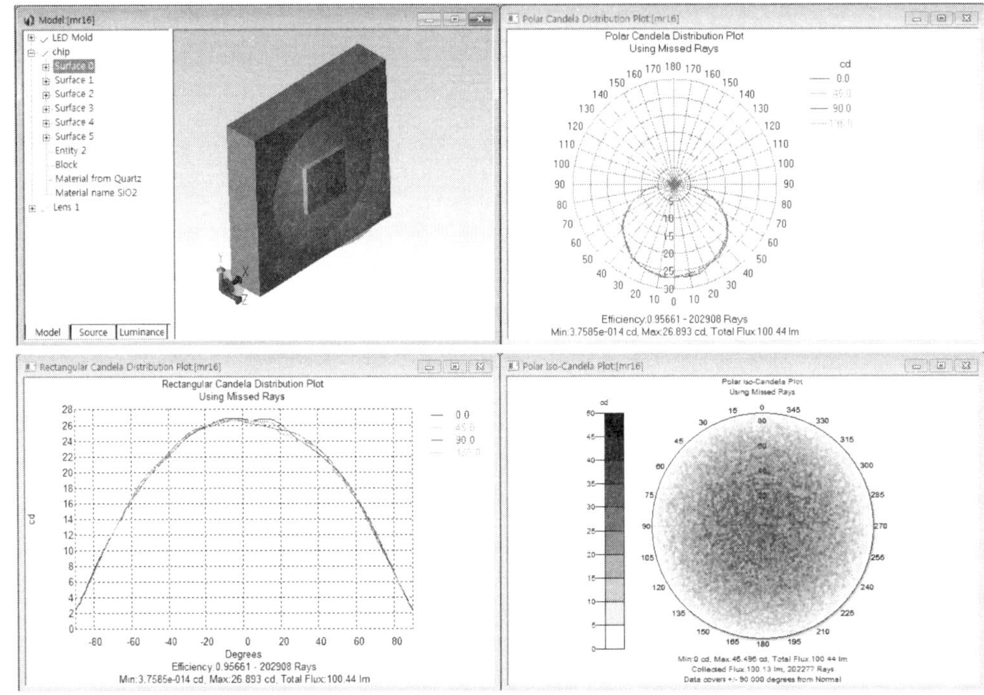

그림 1.31 설계사항 수정 2차 Simulation

2-3-2. 2차 렌즈 Modeling

(1) 2차 렌즈 설계

1) Insert Lens Element 창을 클릭 후 설정값 입력

- Thickness: 10mm
- Units: Radius
- Material: Plastic Polycarb
- Surface 1 Radius: 0mm
- Surface 2 Radius: -8mm

2) Aperture 창을 클릭 후 설정값 입력

- Shape: Circle
- Semi-Diameter: 10mm
  Second Surface Semi-Diameter: 8mm

3) Position 창 클릭 후 설정값 입력

First Surface Center: X 0, Y 0, Z -0.365mm(Z축의 값은 LED Mold의 바닥면을 기준으로 설정함)

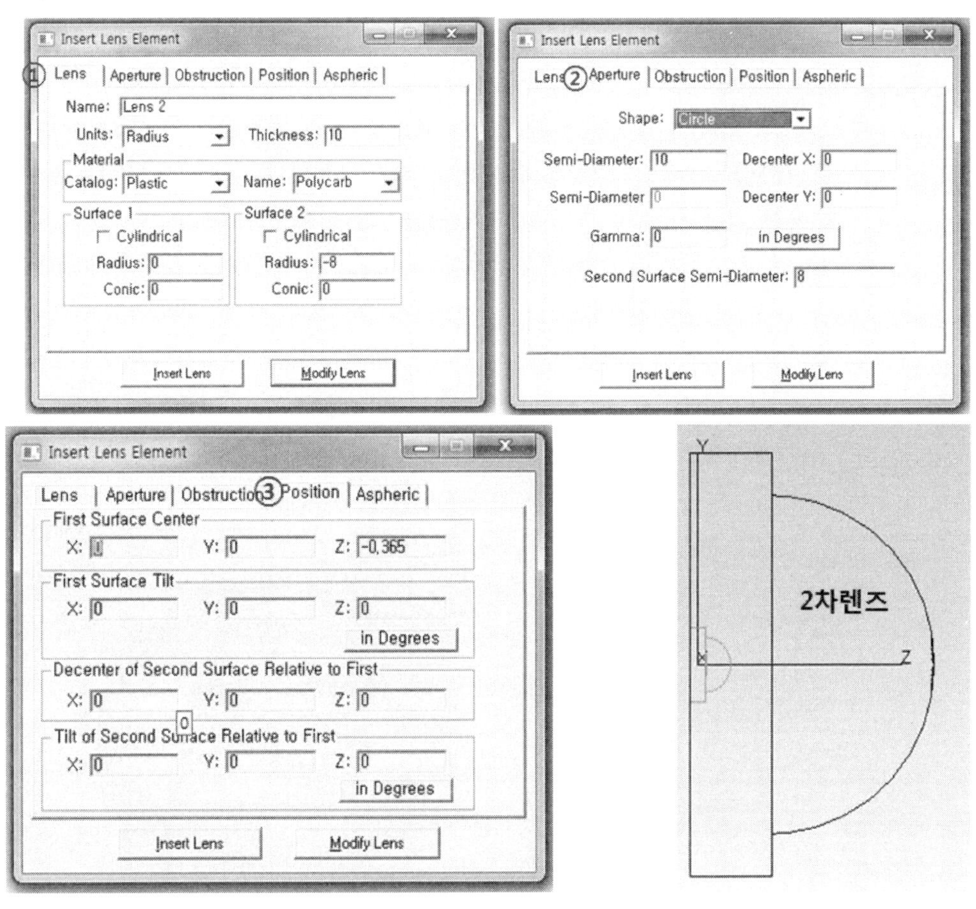

그림 1.32 2차 렌즈 설정

* 입력된 렌즈의 구조를 보면 하측면에 LED와 간섭을 일으키는 부분이 생긴다. 간섭부분을 해결하기 위해 하측의 LED와 렌즈 간 Surface1면을 제거해야 한다.

렌즈의 하측 간섭면을 제거하기 위해서는 특정한 형태의 Solid를 삽입하고 Subtract 기능을 이용해서 Solid형태의 공간을 확보하는 과정을 수행해야 한다. Solid형태는 가능한 모서리가 없고 표면 반사율이 적은 형태가 유리하다. 모서리가 있을 경우 그 부분을 통해서 빛이 간섭을 일으키고 이 영향으로 인해 빛의 불균일현상이 발생할 수 있으므로 주의해야 한다.

4) 하측 기구물은 일정한 곡률을 갖는 렌즈 타입의 형태로 설정한다.(Insert Lens Element**창을 클릭 후 하기 설정값을 입력한다.**)

- Thickness: 2.5mm(LED의 높이가 2mm이므로 최소 여유값을 적용하여 2.5mm를 적용하였다. LED 높이에 따라 렌즈 하측 공간높이는 비례한다.)
- Units: Radius
- Surface 1 Radius: 0 mm
- Surface 2 Radius: -9 mm(하측면에 곡면이 발생 할 경우 오목렌즈의 역할을 해서 오히려 빛을 집광시키지 않고 퍼뜨리는 기능을 하게 된다. 그러므로 주어진 공간 내에서 최대한의 곡률로 설계를 해야 한다.)
- First surface Center: X 0, Y 0, Z -0.365 mm(Z축의 값은 LED Mold의 바닥면을 기준으로 설정함)

5) 2차 렌즈를 선택 후 2번째로 하측 공간 확보용 3차 렌즈를 순서대로 선택 후 Subtract기능을 사용하여 렌즈의 하측면을 제거한다.

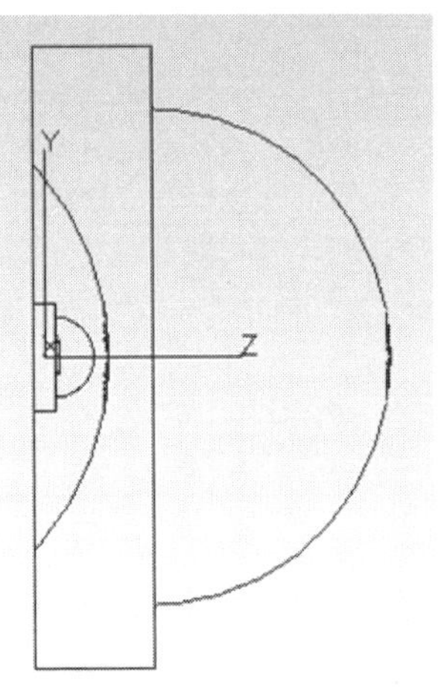

그림 1.33 2차 렌즈 하측면 설계

(2) 2차 렌즈 설계검토

1) 상단의 메뉴 바에서 Trace Ray 아이콘 클릭 후 Simulation진행

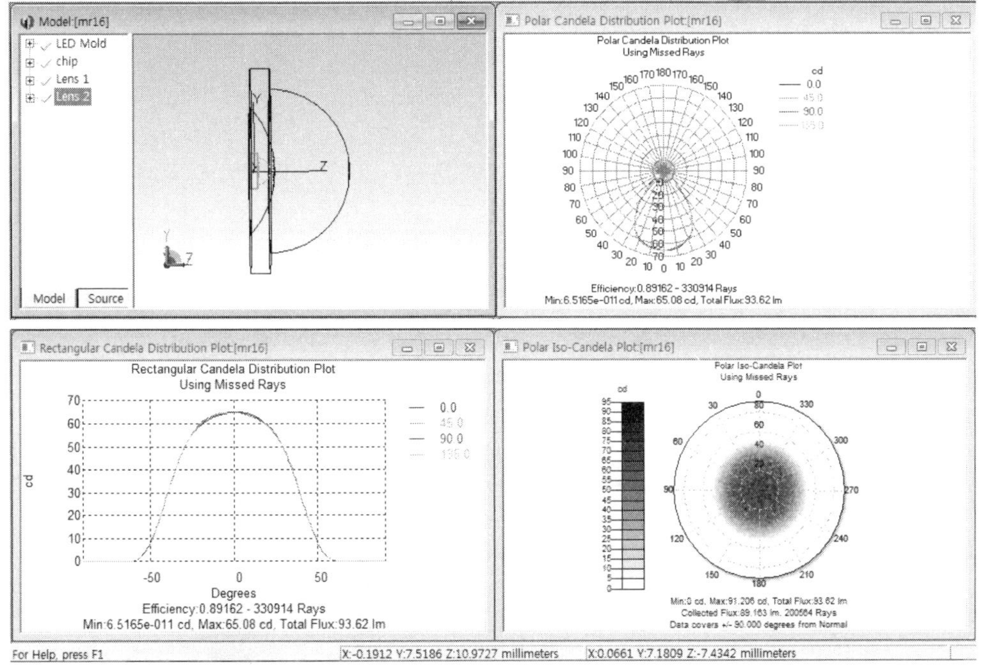

그림 1.34 2차 렌즈 Simulation

2) 검토 결과

- Beam Angle(△θ): 76 °(목표Spec.60 °와 불일치)
  * Candela그래프를 통해 중심 광도가 65 cd이고 1/2값인 32.5 cd값이 위치하는 각도는 대략 38도 부근임을 알 수 있으며 한쪽축으로 38도, 반대축으로 38도, 합쳐서 76도가 된다.
- 중심 광도(0도에서의 Candela값): 65 cd
- Total Flux: 93lm(표면반사로 인한 약 7 %의 Loss 발생)

→ 종합적으로 Flux가 매질간의 표면 반사손실로 인하여 약 93 %의 결과값을 얻었으며 Beam Angle이 60도 보다 넓은 76도의 값이 산출됨.

3) 1차 설계사항 수정

1차 설계에서 지향각이 60도 보다 넓은 76도의 값이 산출되었으므로 빛을 좀 더 집광시켜야 한다. 이렇게 빛을 집광시키기 위한 변수로는 렌즈 곡률을 작게

하거나, 렌즈의 두께를 증가 시키는 방법을 사용한다.

본 시뮬레이션에서는 렌즈의 두께를 증가시키는 방법으로 진행한다. Insert Lens Element창을 클릭 후 Thickness 설정값을 10 mm에서 12 mm로 변경하여 입력한다.(나머지 Aperture, Position, 하측면 공간의 곡률 등은 변경하지 않는다.)

4) 2차 설계사항 적용 데이터 검토

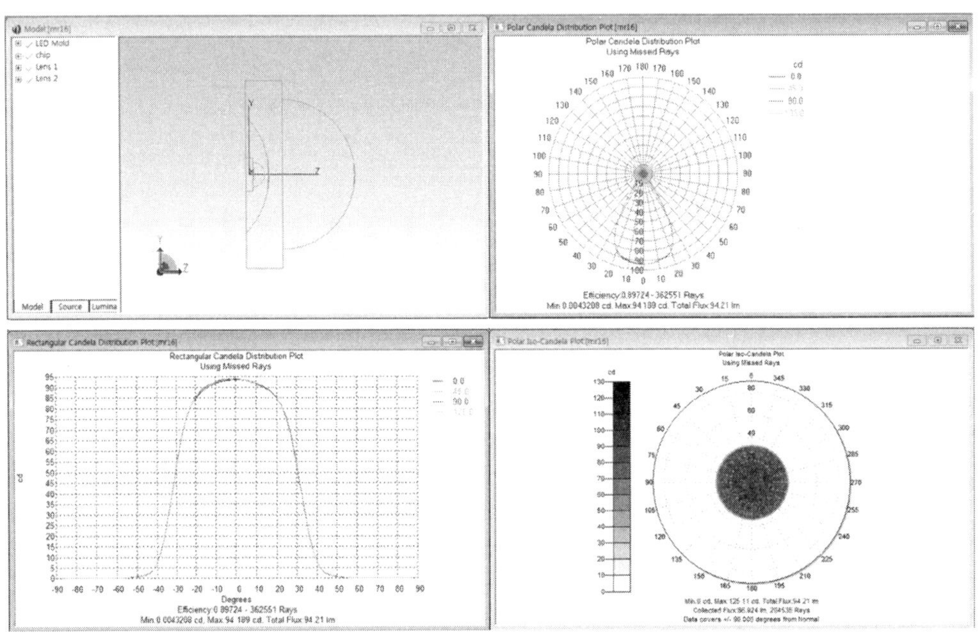

그림 1.35 2차 렌즈 2차 Simulation

- Beam Angle(△θ): 62 ° (목표 Spec.과 일치)
- 중심광도: 94 cd
- Total Flux: 94 lm

→ 종합적으로 Beam Angle의 요구Spec.인 60도와 일치한다고 볼 수 있으며 빛을 집광시키는 방법은 본 Simulation에서 사용된 볼록 렌즈형태의 타입 외에도 Reflector, Reflector Type Lens, Fresnel Lens등 여러 가지의 방법이 있을 수 있으며 LED 형태, 기구물 사이즈 등에 맞춰 선택적으로 적용 가능하다.

2-3-3. 기구물 설계

TracePro는 빛의 진행 형태 특성을 Simulation하는 프로그램으로서 실질적으로 3D 모델링을 할 때 일반 기구물 모델링 프로그램에 비해서 설계하기 힘든 부분이 있다. 그러므로 일반 3D Program에서 작성된 방열판의 Model를 바로 불러들여 삽입하고 Surface Property 설정만 해주면 된다.

TracePro에서 연동되는 파일 형태는 Sat, stp, igs등 대부분의 3D File들과 호환이 되고 그 중에서 sat파일이 제일 호환성이 좋다.

실질적으로 Simulation 시 필요한 자료는 LED 및 LENS가 위치할 공간에 대한 Dimension Data로서 수량 및 Array 결정시에 참고한다. 본 시뮬레이션에서는 TracePro를 사용해서 간단히 방열판 및 기구물을 설계하고 적용하는 방법 및 이에 따른 몇 가지 기능들에 대해 소개한다.

(1) 방열판 설계

1) LED 및 렌즈가 위치하는 면의 Size를 대략 50∅라고 가정할 때 Insert Lens Element창을 클릭해서 반원의 기구물을 제작한다. 이 때 생성한 기구물은 렌즈의 기능을 하는 부분이 아니기 때문에 렌즈의 재질 데이터는 무시한다.

- Thickness: 25 mm
- Surface 1 Radius: 25 mm
- Aperture Shape: Circle
- Semi-Diameter: 25 mm
- Position: X 0, Y 0, Z 0

2) 반원의 상측에 LED 및 렌즈가 위치하기 위한 Cylinder를 삽입 후 Subtract기능을 사용하여 공간을 확보한다.

- Solid Type: cylinder
- Base Major R: 22.5 mm(테두리의 살 두께를 2.5 mm 남김)
- Top Length: 2 mm
- Base Position: X 0, Y 0, Z 23 mm(Z축의 위치는 반원의 상단 면과 Cylinder의 상면이 일치하는 위치의 좌표임)

방열판의 날개를 만들기 위해서는 방열판의 표면을 따라 일정하게 이동하는 모양의 특정한 기구물을 만들어야 한다. 그리고 ②항에서 제작한 방열

판에서 기구물 형태를 빼주는 절차를 거치게 되는데 형태는 하기의 임의의 값을 지정하였다.

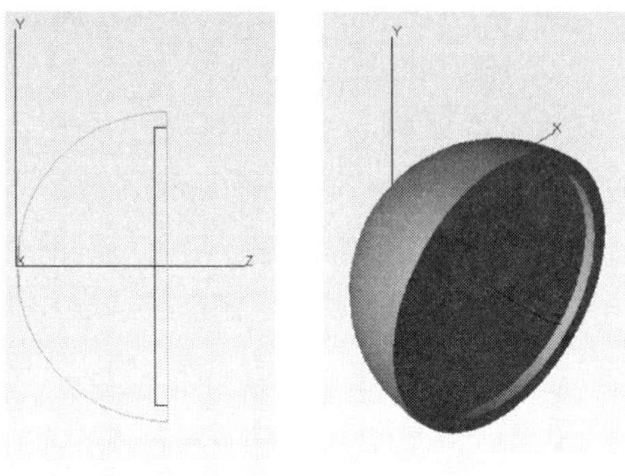

그림 1.36 방열판 설계

3) 2)항에서 제작한 동일한 사이즈의 반원을 삽입한다.

4) Move Object기능을 이용해서 +X축으로 9 mm, -X축으로 9 mm 위치에 Copy한다.

5) 중심의 반원에서 ④항에서 제작한 두 개의 반원들을 Subtract기능을 이용해서 제거한다.

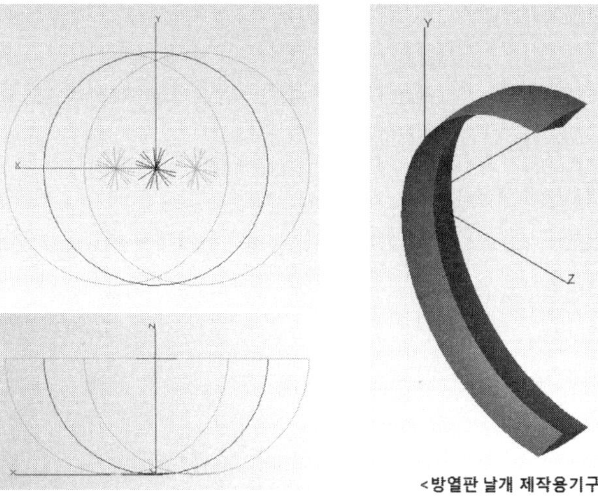

<방열판 날개 제작용기구물>

그림 1.37 방열판 홈 설계

6) **완성된 기구물을 Rotate Object기능을 이용해서 회전시킨다.**

- Rotation Angle: 20Degrees
- Axis: About Z
- Copy 횟수: 8회(회전각도가 20도이므로 8회를 Copy 할 경우 360도 전체가 회전이 되는 형태가 된다)

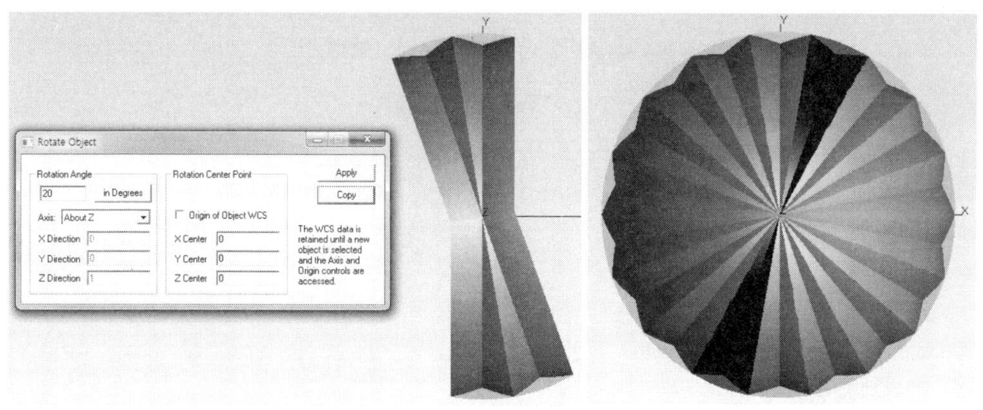

그림 1.38 방열판 홈 회전

7) **완성된 날개 기구물을 ②항에서 제작한 방열판에 삽입 후 Subtract기능을 이용해서 제거해준다.(반드시 방열판을 선택 후 날개 기구물 Subtract 할 것)** 이때 반드시 두 기구물의 Z축 좌표 값이 정확한지 확인 후 진행한다.

그림 1.39 방열판 홈 제거

8) **완성된 방열판을 Surface Property창에서 Diffuse White로 설정한다.(빛이 투과되는 재질이 아니므로 Material은 설정 할 필요 없다.)**

(2) Socket Base 설정

Socket은 일반적으로 사용되는 GU5.3을 적용하였으며 기구물 사이즈는 임의지정 하였다.

1) **Insert Primitive Solids 설정창에서 Block 설정**

- Width: X 10 mm, Y 18 mm, Z 3 mm
- Center Position: X 0, Y 0, Z 2 mm

2) **생성된 Block의 Surface 1을 선택 후 Sweep Surface Selection창에서 Sweep 설정**

- Distance: 10 mm
- Draft angle: -5 Degrees
- Sweep along surface normal 체크

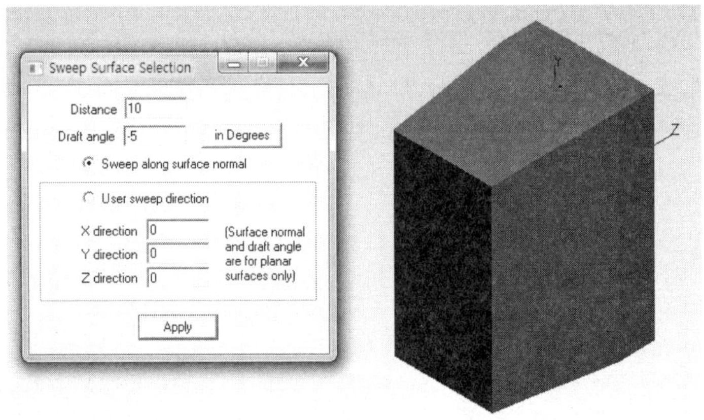

그림 1.40 Socket 설정

* Sweep은 선택된 면을 확장시키는 기능을 하며 Draft angle의 값이 +일 경우 면이 Draft angle의 각도만큼 커지고 Draft angle이 (-)일 경우 작아지는 기능을 하므로 기구물 설계 시 많이 사용된다.

3) **핀을 삽입하기 위해** Insert Primitive Solids **설정창에서** Cylinder **선택 후 설정값 적용**

- Base Major R: 0.5 mm
- Length: 10 mm
- Base Position: X 0, Y -2.65(+2.65), Z -17 mm
  (핀을 Y축의 +2.65, -2.65위치에 2ea를 만든다.)

4) **완성된 핀과** Socket Base**를 모두 선택한 후** Unite**기능을 이용해서 하나의** Solid**로 합친다.**

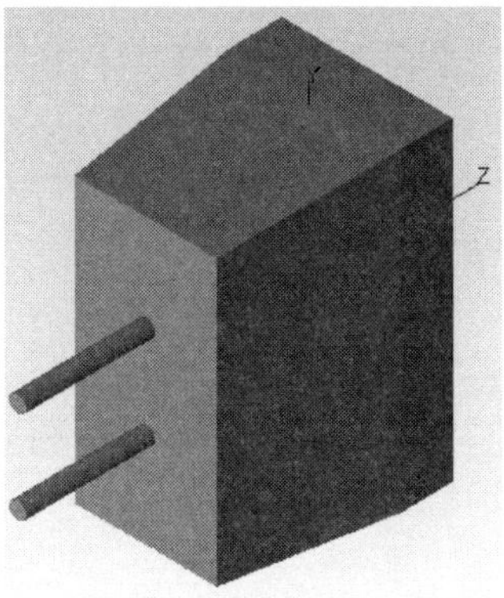

그림 1.41 Socket Pin 설정

(3) 방열판 및 Socket Base 조합

제작한 방열판에 Socket Base를 삽입한 후 Unite기능을 이용해서 합쳐준다. 이때 Socket Base Z축 좌표(2 mm)에 유의해야 한다.

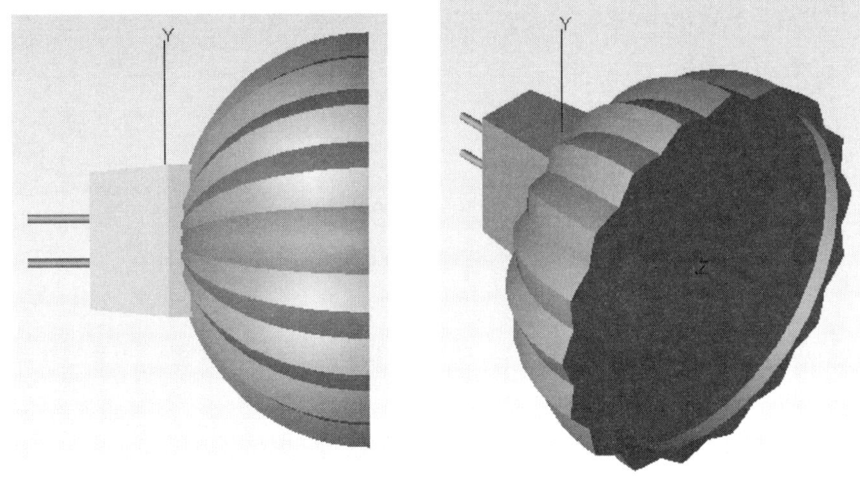

그림 1.42 방열판&Socket 결합

2-3-4 LED 수량 결정 및 Array

(1) LED Array

Simulation에 사용한 LED는 1 W급 LED이며 목표 Spec.은 3 W이다. 그러므로 LED의 수량은 1W급 LED 3ea가 필요하며 LED의 위치는 중심 축대칭으로 각각 120도씩 회전시켜 배열한다.

1) 설계된 LED(chip, lens1, LED Mold)를 방열판에 삽입한다. 이때 Z축의 위치가 일치하지 않으므로 위치 변경이 필요하다. LED가 위치할 면은 방열판 상단의 홈 부분임으로 Measure Geometry 기능을 이용하여 LED Mold의 하측면 꼭짓점 클릭 후 방열판 위치를 클릭하면 Z축의 Move 할 거리(23.365 mm)를 쉽게 구할 수 있다.

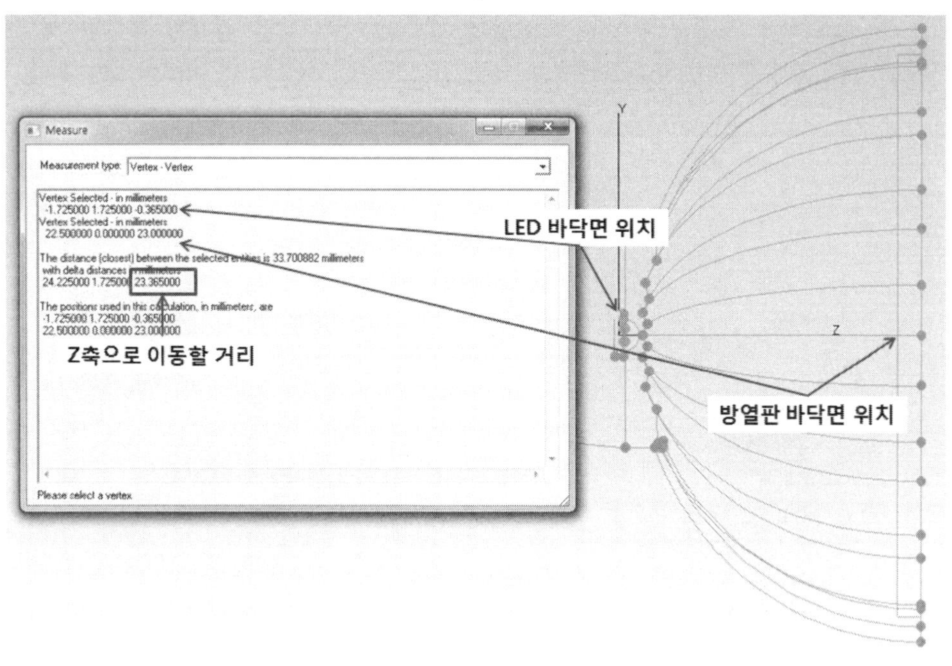

그림 1.43 LED 배열

2) 방열판의 바닥면에 LED를 이동한 후 Y축으로 10 mm 이동시킨다.

3) Rotate Object 기능을 이용하여 설정값 적용

- Rotation Angle: 120 Degrees
- Axis: About Z
- Copy기능을 이용해 2회 적용(총 3ea의 LED가 방열판 상단에 위치하게 된다)

(2) 2차 렌즈 Array

1) 제작된 2차 렌즈를 LED 배열과 마찬가지로 X축과 Y축으로 배열한다.

- Y축으로 10mm 이동
- Rotate Object기능을 이용하여 120도 간격으로 카피한다.

2) 3개의 2차 렌즈를 Unite기능을 사용하여 합친다.(Unite기능을 사용하지 않고 배열할 경우 각각의 렌즈면이 서로 간섭을 받음으로 Simulation진행시 Error 메시지가 발생하게 된다. 간섭현상을 방지하기 위해 필히 수행해야 할 과정이다.)

3) 2차 렌즈 모듈을 방열판에 삽입할 때에도 LED 삽입 과정과 동일한 방법으로 좌표를 읽고 move(Z: 23.365 mm)기능을 사용해서 이동시키면 된다.

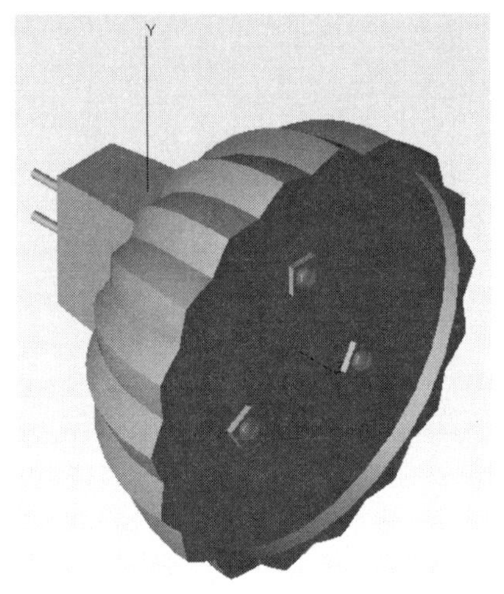

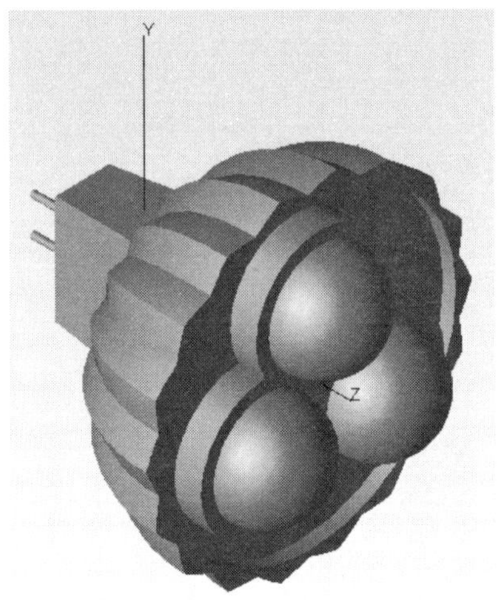

그림 1.44 2차 렌즈 배열

* 일반적으로 Lens를 삽입 후 다시 표면에 렌즈 커버를 삽입하게 되는데 본 Simulation에서는 광 경로에 영향을 미치지 않은 부분이므로 생략하도록 한다.

2-3-5. Simulation을 통한 특성 분석

(1) Simulation 진행

배열 완료 후 화면의 상단 Trace Ray 아이콘을 클릭하여 Simulation을 진행한다.

(2) Simulation 결과 검토

Simulation 완료 후 상단의 Polar Candela Distribution Plot창, Rectangular Candela Distribution Plot창, Polar Iso-Candela Plot창을 클릭하여 Candela분포 결과값을 검토한다.(그래프의 하단 측정결과 참고)

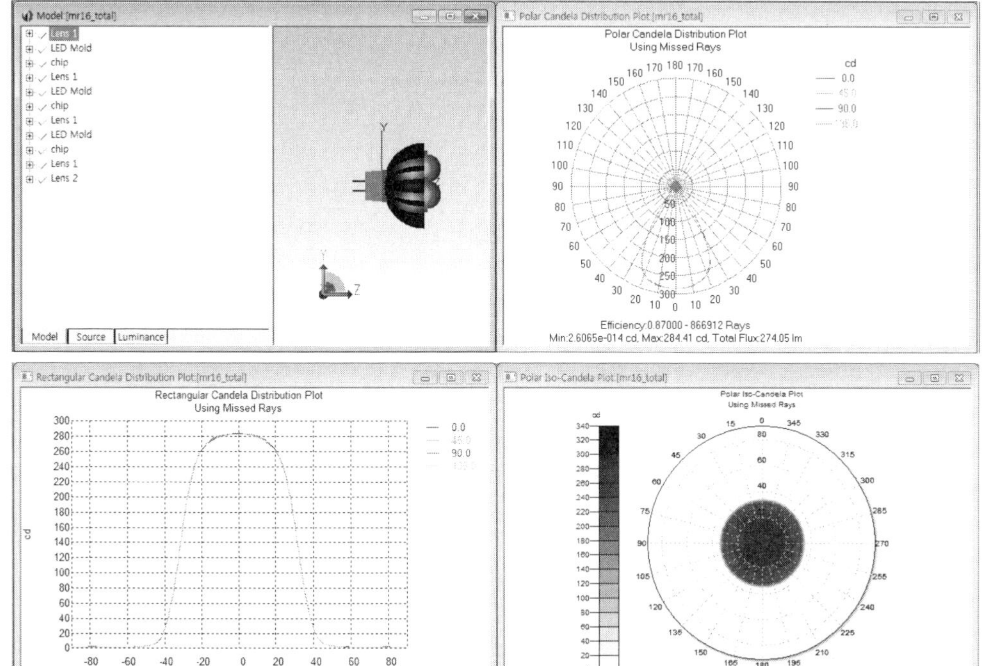

그림 1.45 Simulation 결과값

- Beam Angle(△θ): 62 °(목표 Spec.과 일치)
- 중심광도: 284 cd
- Total Flux: 274 lm
- 광효율: 91 lm/W(회로부분에서 발생하는 Loss는 제외한 값임)
- 소비전력: 3 W

→ 종합적으로 Beam Angle의 요구Spec.인 60도와 약 3 %이내로 일치한다고 볼 수 있으며 렌즈 표면의 반사로 인한 빛의 산란현상도 없음으로 좋은 설계라고 볼 수 있다.

(3) TXT File 분석

TracePro Release: 6 0 4
Rectangular Candela Distribution Data for D:₩Data for Missed Rays
Data generated at 18:03:18 April 27, 2010

수평측 각도

	0.0	45.0	90.0	135.0	180.0	225.0	270.0	315.0
0.000	284.117	283.695	283.43	284.415	284.117	283.695	283.43	284.415
5.000	283.352	283.779	282.904	283.258	283.104	283.187	283.117	283.529
10.000	280.601	281.12	279.923	279.814	280.131	281.267	281.428	280.966
15.000	274.597	274.275	273.614	274.045	274.51	275.327	275.923	275.306
20.000	263.058	262.091	262.093	262.665	262.564	262.55	263.602	263.17
25.000	229.23	228.252	228.176	228.025	227.281	226.685	228.585	228.424
30.000	163.319	162.721	162.361	162.042	161.204	160.711	162.803	162.924
35.000	80.5506	80.2719	80.0276	79.8636	79.2824	79.277	80.5539	80.7926
40.000	25.6943	25.5355	25.5714	25.4182	25.1393	25.3586	25.7937	26.0311
45.000	7.17889	7.09367	7.1773	7.03217	6.95531	7.0494	7.16166	7.38035
50.000	3.60789	3.61371	3.51536	3.49759	3.52222	3.43406	3.47591	3.61353
55.000	2.5846	2.54953	2.3042	2.45122	2.42393	2.33104	2.3688	2.34795
60.000	1.97388	1.79454	1.61473	1.78221	1.65583	1.66554	1.7651	1.60531
65.000	1.56122	1.36951	1.39561	1.36348	1.25064	1.29453	1.5258	1.28577
70.000	1.23511	1.27763	1.60103	1.11452	1.09591	1.13556	1.66765	1.23032
75.000	1.10483	1.41819	2.01401	1.07431	1.08019	1.17295	2.05706	1.30338
80.000	1.12179	1.55963	2.14766	1.15109	1.13072	1.27525	2.16078	1.37305
85.000	1.24809	1.56453	1.78581	1.24052	1.26911	1.34513	1.76946	1.38363
90.000	1.31072	1.36068	1.28845	1.17848	1.33973	1.26588	1.27917	1.25019

수직측 각도

(MR16 LED TXT 결과값)

0도에서 candela 값이 284 cd이며 284 cd의 절반값인 142 cd값의 각도를 보면 대략 30도 부근임을 알 수 있다.

(4) IES File 분석

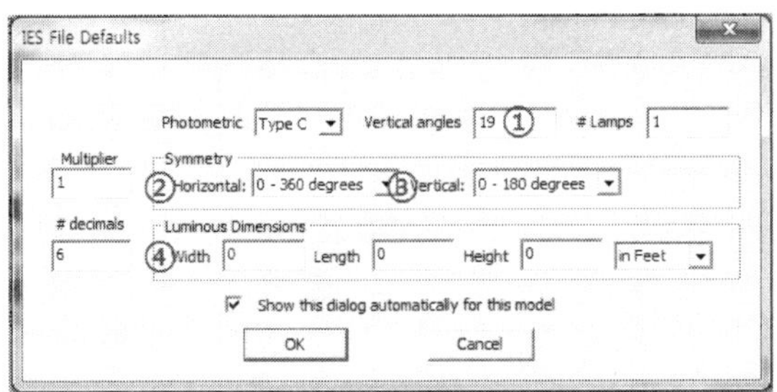

```
IESNA:LM-63-2002
[TEST]Generated by TracePro Release: 6 0 4
[MORE]D:₩TILT=NONE ①
1 315,000000 1,000000 19 9 1 1 0,000000 0,000000 0,000000 ④
1 1 1
③ 0,00 10,00 20,00 30,00 40,00 50,00 60,00 70,00 80,00 90,00 100,00 110,00 120,00
130,00 140,00 150,00 160,00 170,00 180,00
② 0,00 45,00 90,00 135,00 180,00 225,00 270,00 315,00 360,00
283,914089 280,600995 263,057655 163,319184 25,694321 3,607890 1,973877
1,235108 1,121791 1,310722 0,786720 0,161958 0,036865 0,006448 0,000183
0,000000 0,000000 0,000000 0,000000
283,914089 281,119969 262,091318 162,721163 25,535523 3,613714 1,794539
1,277630 1,559631 1,360679 0,631891 0,131728 0,035909 0,007934 0,000186
0,000000 0,000000 0,000000 0,000000
283,914089 279,923270 262,092888 162,360588 25,571385 3,515364 1,614728
1,601027 2,147657 1,288450 0,615101 0,144804 0,054669 0,015796 0,000565
0,000002 0,000000 0,000000 0,000000
283,914089 279,814278 262,665154 162,041585 25,418239 3,497594 1,782212
1,114522 1,151091 1,178478 0,603407 0,121992 0,024946 0,002803 0,000050
0,000000 0,000000 0,000000 0,000000
283,914089 280,130652 262,564365 161,204406 25,139326 3,522223 1,655835
1,095911 1,130720 1,339732 0,792037 0,164252 0,026720 0,001469 0,000008
0,000000 0,000000 0,000000 0,000000
283,914089 281,266651 262,549869 160,711211 25,358574 3,434059 1,665543
1,135564 1,275248 1,265878 0,669293 0,142051 0,023649 0,007088 0,000348
0,000001 0,000000 0,000000 0,000000
283,914089 281,427932 263,601689 162,802879 25,793743 3,475915 1,765096
1,667653 2,160777 1,279167 0,617097 0,122278 0,028730 0,009888 0,000562
0,000003 0,000000 0,000000 0,000000
283,914089 280,965795 263,170274 162,924301 26,031117 3,613534 1,605308
1,230321 1,373048 1,250186 0,609010 0,114882 0,028609 0,005218 0,000178
0,000001 0,000000 0,000000 0,000000
283,914089 280,600995 263,057655 163,319184 25,694321 3,607890 1,973877
1,235108 1,121791 1,310722 0,786720 0,161958 0,036865 0,006448 0,000183
0,000000 0,000000 0,000000 0,000000
```

(5) Irradiance/Illuminance 분석

Simulation 결과값으로 Illuminance 분석도 가능하다. Illuminance를 보기 위해서 하기 절차를 진행한다.

1) Illuminance값을 알고자 하는 위치 및 Size지정(편의상 임의의 형태 및 위치 지정)

- 측정거리: 원점으로부터 100 mm
- 측정면적: 100 ∅

LED조명 광학설계 이론 및 활용 II

2) Insert Primitive Solids창에서 Cylinder 선택 후 하기 설정값 적용 후 Cylinder 생성(입력한 Cylinder는 Illuminance를 보기 위한 Detector의 위치라고 할 수 있으며 절대로 Surface Property, Material Property등의 설정을 해서는 안 된다. 만약 실수로 Property값을 설정 할 경우 광 경로를 가로막는 장애물 역할을 함으로 주의해야 한다.)

- Base Major R: 100 mm
- Length: 1 mm
- Base Position: X 0, Y 0, Z 100 mm

3) 메뉴 바의 Analysis 창에서 Irradiance/Illuminance Option창을 활성화 한 후 하기 설정값을 Setting한다.

- Rays to plot: Incident(설정값을 Absorbed로 할 경우 ②항에서 생성한 Cylinder Detector의 Property값이 없으므로 매질에서의 흡수 현상도 없다. 그러므로 그래프 상에서 값이 표현되지 않는다.)
  Map Count: 300(Map Count 수량에 따라 Illuminance 값이 달라짐으로 적절한 값을 사용해야 하며 어느 정도의 수치가 적절한가 하는 판단 기준은 Simulation 사용자의 몫이다.)
- Profiles 체크(이 기능은 Detector 면적에서 사용자가 특정 위치의 값을 알고자 할 때 사용한다.)

4) Cylinder Detector의 Surface 1을 클릭 후 Irradiance/Illuminance Map을 활성화시킨다.(Surface 1면이 측정하고자 하는 기준면이 되므로 반드시 Surface 설정에 주의해야 한다.)

5) 데이터 값 분석(데이터 값을 보기 위해서는 재 Simulation과정을 거쳐야 한다.)

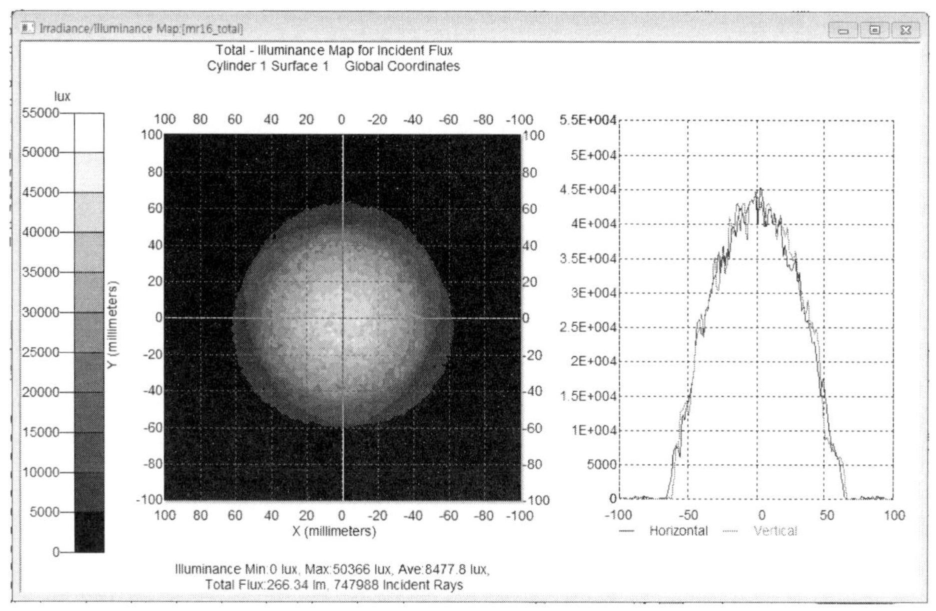

그림 1.46 Illuminance Map

- Illuminance: Max-50366 lux, Min- 0 lux, Ave- 8477 lux
- Total Flux: 266.34 lm

*위의 데이터를 기준으로 1 m 직하 조도 환산 시 약 283 lux의 조도값 계산이 가능하다.(조도는 거리의 제곱에 반비례하는 특성을 이용해 값을 구할 수 있다.)

제2절 LED 실외조명

LED 실외조명의 종류로는 LED 가로등, LED 보안등(공원등), LED 터널등, 고천정등, 정원등, 경관등 등이 있으며 국내 표준규격으로는 가로등과 보안등기구에 대해 제정이 된 상태이다. 본 교재에서는 국내 표준규격이 제정된 LED 보안등, LED 가로등에 대한 설계방법에 대해 기술하였다.

LED 가로등이나 LED 보안등의 경우 일반 실내조명에 비해 까다로운 요구사항을 적용하고 있으므로 반드시 광학적 설계가 필요한 제품군이라 할 수 있다.

1. LED 보안등

LED 보안등은 기존 공원이나 주택가, 아파트 단지등에 설치되던 일반 나트륨램프, 메탈할라이드 램프, 형광등과 같은 전통 조명을 교체하는 제품으로서 KS 표준과 고효율 기준이 재정된 상태이며 등기구 설치높이, 교통량의 상태 등에 따라 적용면적, 노면조도조건 등이 달라짐으로 요구조건을 확실히 이해 후 목표 Spec.을 결정해야 한다.

1-1. 국내 표준 규격(광학적 특성부분 발췌)

1-1-1. KS표준
(㉿ LED 가로등 및 보안등기구의 안전 및 성능 요구사항 KS C 7658:2010)

(1) **적용범위**

AC 220 V, 60 Hz에서 일체형 또는 내장형 LED 모듈 및 LED 소자를 광원으로 사용하는 LED 가로등기구와 LED 보안등기구(이하 "LED 등기구" 라 한다)의 안전과 성능에 관한 요구사항에 대하여 규정 한다.

(2) **인용표준**

- 도로조명 기준(KS A 3701)
- 등기구 안전(KS C IEC 60598)
- 구동장치(KS C IEC 61347)
- LED 모듈(KS C IEC 62031)
- EMI(KS C CISPR 15)
- EMS(KS C IEC 61547)

(3) **용어와 정의**

- LED 보안등기구: 보행자의 안전을 목적으로 일반적으로 지상 8 m이내 높이에 설치하는 LED 등기구(LED 등기구의 설치 높이의 상한선이 명시되어 있음으로 설계 시 참고할 것)
- 노면조도: 노면이 광원의 빛으로 조사되는 정도를 의미하며, 입사되는 광속을 노면의 면적으로 나눈 값
- 수평면조도: 보도 노면상의 평균조도

(4) **소비전력에 따른 종류 구분**

정격전력에 따라 4종으로 나뉜다.

표 2.1 정격전력에 따른 구분

구분	종류
정격전력(W)	70이하
	70초과 150이하
	150초과 250이하
	250초과 400이하
	600이하
용도	LED 보안등기구
	LED 가로등기구

(5) **성능**

LED 등기구를 정격 주파수의 정격전압을 인가하여 100시간 에이징 한 후 배광시험 실시, 아래 표에 적합할 것

표 2.2 지역에 따른 조도 조건

야간보행자 교통량	지역	조도(lx)	균제도
		평균노면조도	
교통량이 많은 도로	주택지역	5	0.15 이상
	상업지역	20	
교통량이 적은 도로	주택지역	3	
	상업지역	10	

* 교통량 및 설치지역에 따라 평균 노면조도가 각각 적용된다.

(6) **LED 보안등기구 설치 높이에 따른 적용면적**

표 2.3 적용면적

단위(m)

설치높이	가로 X 세로
4	8 X 4
5	12 X 6
6	16 X 8

(7) **광학적 특성**

1) **초기특성**

LED 등기구를 정격주파수의 정격전압을 인가하여 100시간 에이징 후 광속, 색온도, 연색성, 광효율을 측정한다.

① 색온도별 광학적 특성 기준

표 2.4 색온도별 등기구 효율

항목	성능기준	
초기광속	정격광속의 95 % 이상	
광속유지율	초기광속 측정값의 90 % 이상	
연색성	60이상	
구분 K	색온도 K	LED 등기구 효율 lm/W
6,500	6,530±510	75
5,700	5,665±355	70
5,000	5,028±283	70
4,500	4,503±243	70
4,000	3,985±275	70
3,500	3,465±245	70
3,000	3,045±175	65
2,700	2,725±145	65

2) 광속유지율

초기 특성 측정시간을 포함하여 LED 등기구에 정격전압을 가하여 2000시간 (초기 특성 100시간 포함)에이징 후 광속을 측정하였을 때 ①항을 만족하여야 한다.

3) 열 충격 사이클

LED 등기구를 미 점등 상태로 항온기에 넣고 -10 ℃에서 1시간 동안 방치한 후 즉시 70 ℃의 온도를 유지하는 항온기로 이동시켜 1시간 동안 방치한 다. 이러한 과정을 5회 반복 후 15분간 정상 점등하여야 한다.

4) 개폐시험

LED 등기구에 정격전압을 인가한 후 30초 On, 30초 Off하는 조작을 1회로 하여 정격 수명시간의 1/2에 해당하는 횟수만큼 반복한다. LED 램프는 시험 후 15분간 정상 점등하여야 한다.

1-1-2. 고효율 에너지기자재 보급촉진에 관한 규정
(지식경제부고시 제2009-202호 고효율 에너지기자재 보급촉진에 관한 규정 42항 LED 보안등기구의 인증기술 기준 및 측정방법

(1) 종류 및 구분

LED 등기구의 종류는 입력전력 및 용도에 따라 3종으로 나뉜다.

표 2.5 LED 등기구의 종류 구분

구 분	종 류
입력전력[W]	70이하
	70초과 150이하
	150초과

(2) 종류별 구분기호

표 2.6 구분기호

종류	구분	구분기호
LED 보안등기구	설치높이	S4, S5, S6
	도로종류	H, B
	통행밀도	D0, D1

비고 1 종류 구분 중 S는 보안등을 의미하며, 숫자는 설치높이(m)를 나타낸다.

비고 2 도로종류 H(House)는 주택지역, B(Business)는 상업지역을 나타낸다.

비고 3 통행밀도 D(Density)의 D0는 통행이 빈번한 지역, D1은 통행이 빈번치 않은 지역을 나타낸다.

비고 4 표시(예)

- S4-H-D0는 LED 보안등기구 설치높이가4m, 주택지역, 통행이 빈번한 지역을 의미한다.

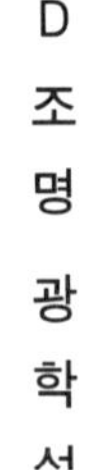

LED 조명 광학설계 이론 및 활용 II

(3) 광학적 특성 기준

표 2.7 광학적 특성 분류

구 분	70 W이하	70 W초과 150 W이하	150 W초과
등기구효율 lm/W	75 lm/W이상	75 lm/W이상	75 lm/W이상
초광속	정격광속의 95 %이상		
연색성	70이상		
광속 유지율	초기 광속 측정값의 90 %이상		

* 고효율 기준에서는 등기구 효율 및 연색성을 소비전력에 따라 분류하였다.

(4) 보행자에 대한 조도 기준

지역에 따라 4종으로 구분하였으며 각각의 조도값을 갖는다.

표 2.8 지역에 따른 최소조도

구 분	지역	조도(lx)
		최소 노면조도
통행이 빈번한 지역	주택 지역	5
	상업 지역	20
통행이 빈번치 않은 지역	주택 지역	3
	상업 지역	10

* 노면조도는 KS기준에서 평균으로 재정되어 있으며 고효율 기준에서는 좀 더 높은 최소 노면조도를 적용하였다.

(5) 설치높이에 따른 조도 계산 영역: KS기준과 동일

(6) 분광 특성(색온도): KS기준과 동일

1-2. 목표 Spec.선정

LED 보안등 등기구의 설치높이는 현재 많이 적용되고 있는 4, 5, 6 m의 세 종류에 대하여 규정하고 있으며 본 Simulation에서는 6 m 높이의 등기구로 선택하여 Simulation을 진행한다.

1-2-1. 국내표준 규격

KS C 7658 LED 가로등 및 보안등기구의 안전 및 성능 요구사항

1-2-2. 색온도: 5000 K

1-2-3. 연색성: >70

1-2-4. 설치높이 및 적용면적

H- 6 m, 16(가로) X 8 m(세로)

1-2-5. 평균노면조도

20 lx(교통량이 많은 상업지역)

1-2-6. LED 보안등 등기구의 정격전력: 70 W

1-2-7. Source LED 선정

보안등이나 가로등과 같이 실외조명은 소비전력이 높고 따라서 사용되는 LED는 Power chip(1 W급 이상 LED)이 주로 사용된다. 현재 개발된 제품들은 대부분 3 W급 LED, 1W급 LED가 주류를 이루고 있다. 방열판에서 LED 실장 면적이 넓을 경우에는 1 W급, 면적이 작을 경우 3 W급의 LED를 선택하면 된다. 현재 개발된 LED의 경우 3 W급에 비해 1 W급의 LED가 광효율 측면에서 유리하기 때문에 굳이 공간적 제약이 없다면 1 W급 LED를 사용하는 것이 바람직하다.

(1) 적용 LED: 5050 1 W(Cree MX-6)

(2) LED 상세 Spec.(출처: Cree사 XLamp MX-6 LEDs)

1) LED Size: 5050 1 W flat-top PLCC Package.

그림 2.1 LED PKG 예

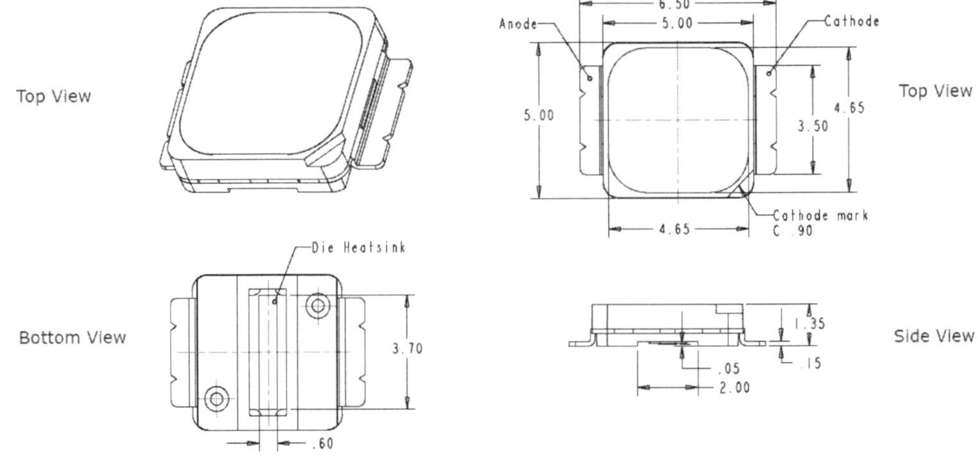

그림 2.2 LED PKG Dimension

2) Beam Angle(△θ): 120 °

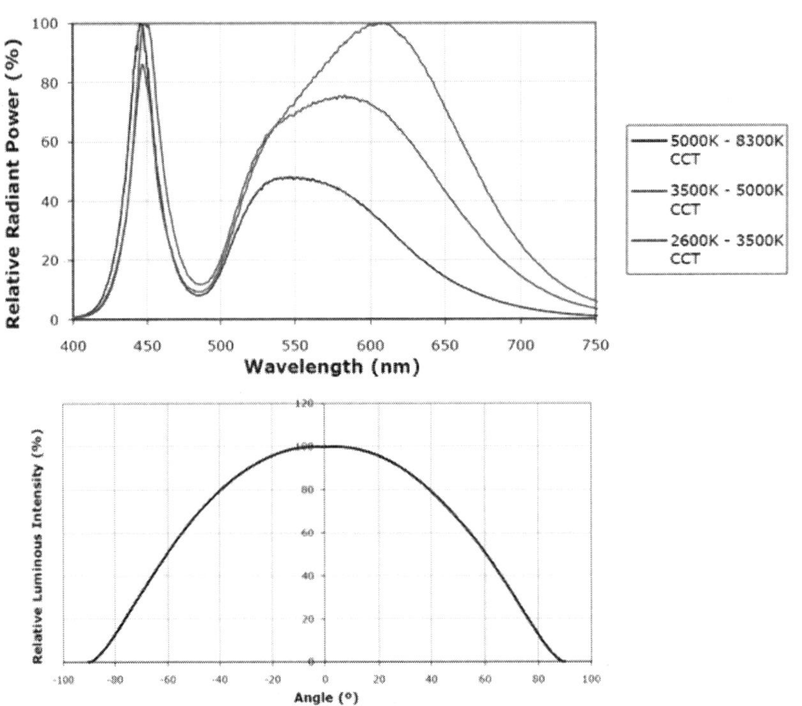

그림 2.3 radiation diagram & Spectrum

3) Total Flux(@300 mA): 100 lm

표 2.9 Flux Spec.

Color	CCT Range		Base Order Codes Min Luminous Flux (lm) @ 300 mA		Calculated Min Luminous Flux (lm) @ 350 mA*	Order Code
	Min.	Max.	Group	Flux (lm)	Flux (lm)	
Cool White	5,000 K	8,300 K	Q4	100	114	MX6AWT-A1-0000-000C51
			Q5	107	122	MX6AWT-A1-0000-000D51
Warm White	3,700 K	4,300 K	Q3	93.9	107	MX6AWT-A1-0000-000BE5
	2,900 K	3,200 K	P4	80.6	92	MX6AWT-A1-0000-0009E7

4) CRI: 75

1-3. Modeling

1-3-1. Source(LED) Modeling

(1) 필수 요구항목

- LED Package Dimension
- Chip 수량 및 사이즈(정확한 데이터가 없음으로 1 Chip으로 임의적용)
- 봉지재(Silicone) 굴절률(봉지재의 굴절률 데이터도 없음으로 일반적으로 사용되는 값 1.52를 적용한다.)
- LED Total Flux

(2) LED 설계

1) Mold Modeling

① 윗줄 메뉴 바에서 Insert 클릭 후 Primitive Solid 선택

② 맨 왼쪽 Block항목에서 입수된 도면 Spec.에 따라 X축(5 mm), Y축(35 mm), Z축(1.35 mm) 값 설정 후 Insert 클릭

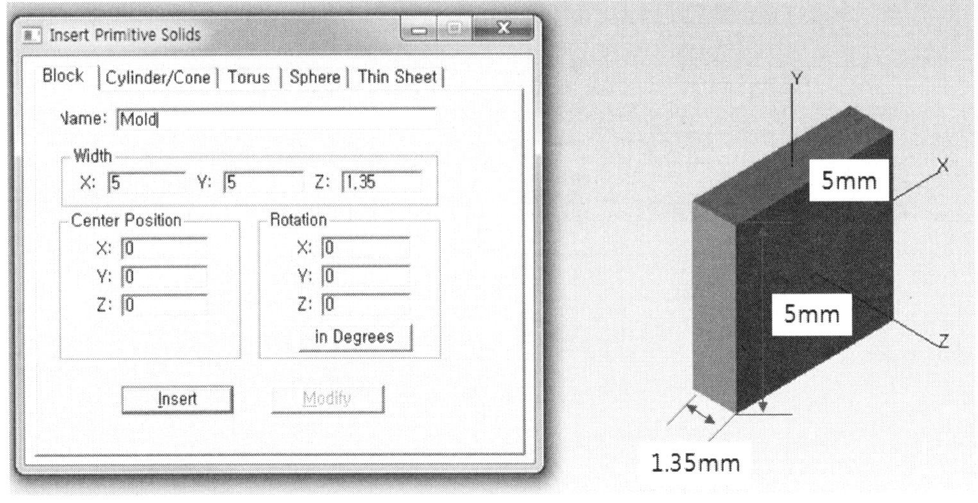

그림 2.4 LED 몰드설정

③ Mold 내부의 Reflector 생성

MX-6 LED의 경우 Reflector부분이 정사각형에서 테두리가 둥근 R값을 갖는 구로로 이루어져 있다. 이러한 구조를 설계하기 위해서는 3D modeling Program에서 설계를 해서 불러들이는 방법이 편한 방법이지만 본 Simulation 에서는 TracePro에서 제공하는 Tool을 이용해서 Modeling하는 방법을 몇 가지 소개한다.(Tool 사용법 위주로 참고할 것)

③-1 Thin sheet를 이용한 방법

③-1-1 Insert Primitive Solids에서 Thin Sheet 설정창을 활성화 한다.

③-1-2 LED Mold의 Reflector 표면사이즈에 맞춰 좌표 입력 후 Thin Sheet를 생성한다.(Thin Sheet는 각각의 점들이 합쳐진 면이므로 두께나 체적을 가지고 있지 않다.)

- Dimension: X 4.65 mm, Y 4.65 mm
- Z축 위치: LED Mold의 상측면 0.675 mm

*면적을 좌표를 만들기 위해서는 가로 세로 Dimension을 1/2로 나뉜 값을 순차적으로 입력 해 주면 된다. 반드시 순서를 폐곡선이 되는 순서로 진행해야 Error를 방지할 수 있다.

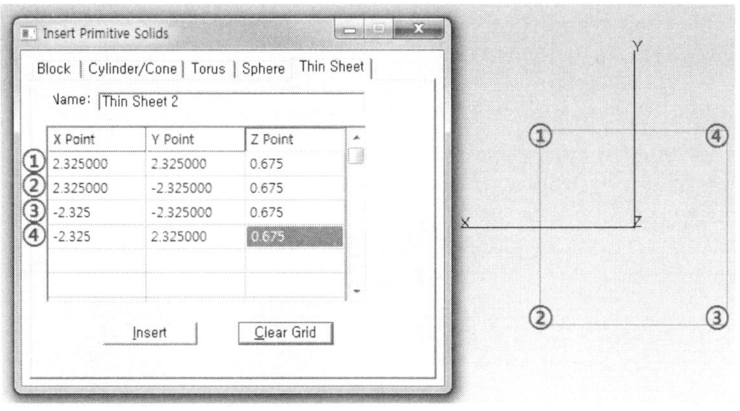

그림 2.5 Thin Sheet 설정

③-1-3 생성된 Sheet를 복사하여 새 창에 삽입한다.

Sheet의 모서리 R 값을 1로 가정하고 Cylinder입력창에서 R1의 Solid를 생성 후 각각의 모서리에 접하도록 위치시킨다. Cylinder의 두께는 상관없으므로 2로 가정한다.

표 2.10 Cylinder 좌표 설정

X Point	Y Point	Z Point	Base Major R	Top Length
1.325	1.325	0	1	2
1.325	-1.325	0		
-1.325	-1.325	0		
-1.325	1.325	0		

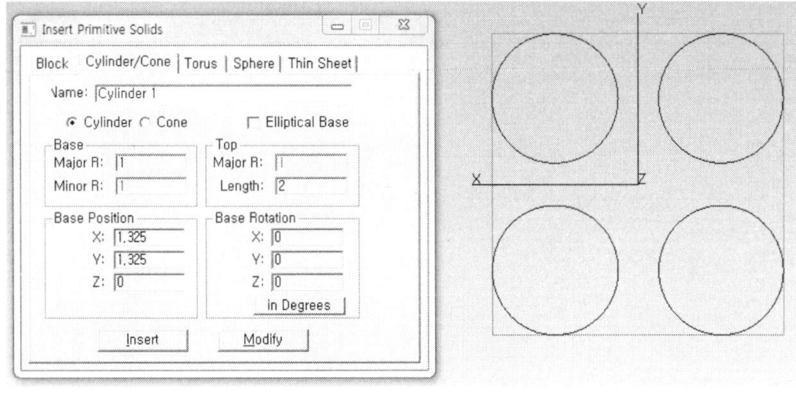

그림 2.6 Cylinder 생성

③-1-4 Subtract기능을 사용하여 Thin Sheet에서 4개의 Cylinder를 제거한다.

③-1-5 최종적으로 남기기 위한 면이 모서리 부분이므로 Sheet의 가운데 면을 제거하고 모서리 부분만 남기기 위하여 두 개의 Thin Sheet를 삽입 한 후 Subtract기능을 이용해 가운데 면을 제거한다.

표 2.11 Thin Sheet 좌표

Thin Sheet 1			Thin Sheet 2		
X Point	Y Point	Z Point	X Point	Y Point	Z Point
1.325	2.325	0.675	2.325	1.325	0.675
1.325	-2.325	0.675	2.325	-1.325	0.675
-1.325	-2.325	0.675	-2.325	-1.325	0.675
-1.325	2.325	0.675	-2.325	1.325	0.675

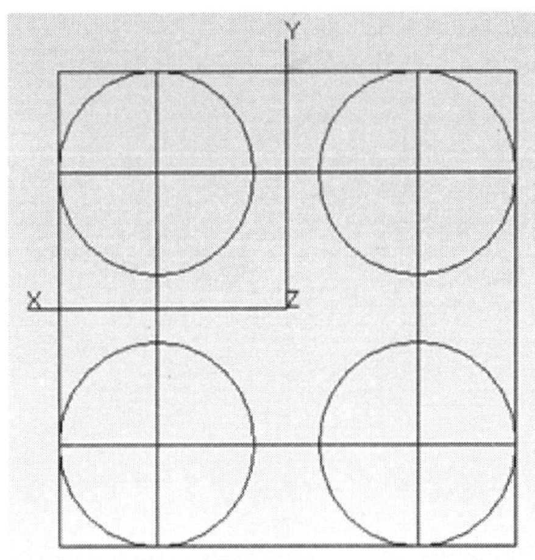

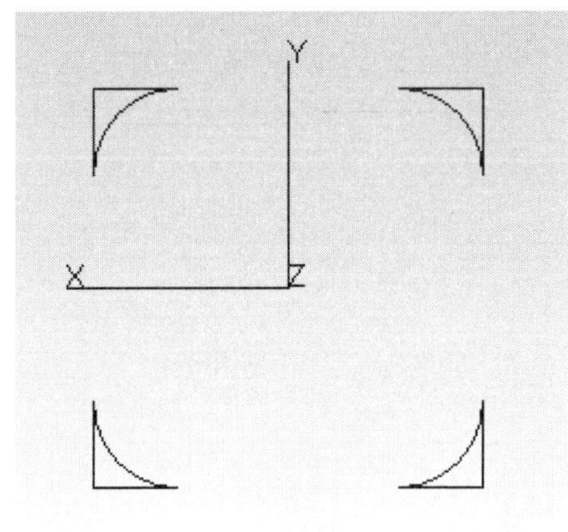

그림 2.7 곡면 모서리 생성

③-1-6 처음에 제작한 Sheet1에 ③-1-5항에서 제작한 모서리 부분을 삽입 후 Subtract 기능을 이용해 모서리를 제거한다.

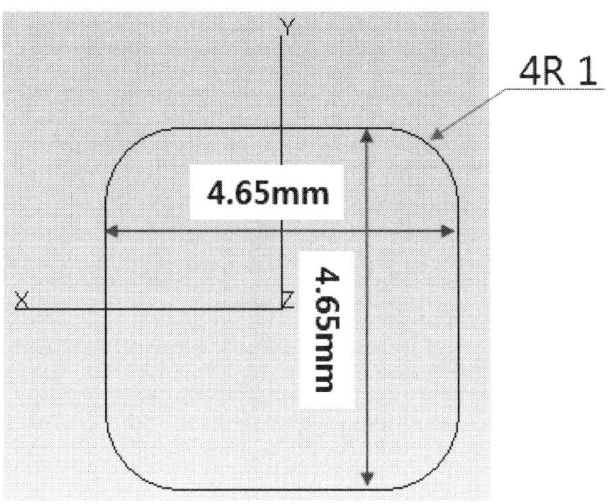

그림 2.8 Reflector 내부면 생성

*최종적으로 완성된 Reflector의 상측면 Dimension이다. 현재까지는 면 상태이며 Reflector는 상측면과 하측면의 크기가 다른 기울기를 갖는다. 그러므로 면을 다시 Volume 형태로 바꿔주는 기능이 필요하다.

③-1-7 Sheet 아이콘에서 Surface0을 선택 후 Sweep Surface Selection 창을 활성화 한 후 설정 값을 입력한다.

- Distance: 0.5 mm(Reflector의 깊이)
  Draft angle: -10 Degrees(Reflector의 경사도를 10도로 지정하였으며 각도의 값이 마이너스 일 경우 선택한 면적보다 각도만큼 작아진다.)
- Sweep direction: X 0, Y 0, Z -1(sweep을 하고자 하는 방향의 벡터를 설정하는 값으로 방향이 -Z축이므로 X축, Y축을 0으로 설정하였다. 만약 Sweep방향이 +Z 방향일 경우 X축, Y축은 0으로 설정하고 Z축을 +1로 설정한다.)

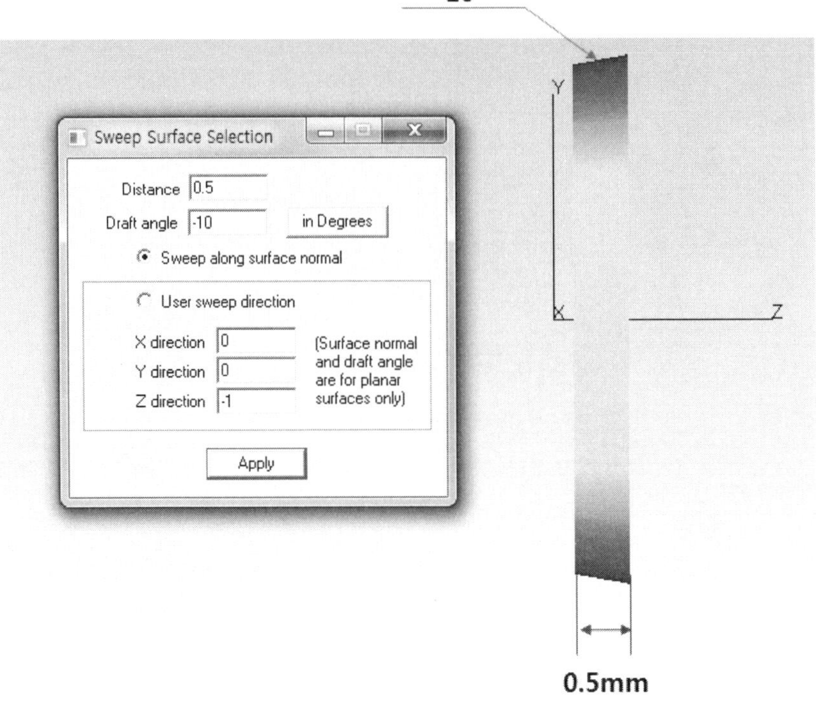

그림 2.9 Reflector sweep 설정

③-1-8 완성된 Reflector를 처음에 설계한 Mold에에 삽입 후 Subtract한다.(Mold와 Reflector의 Z축 위치에 주의할 것)

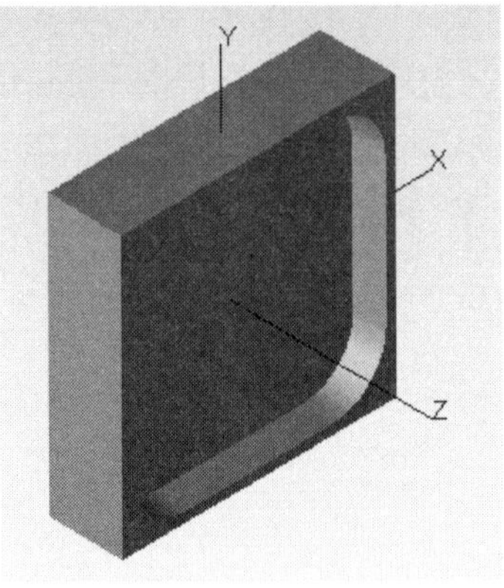

그림 2.10 Mold 완성

③-2 Solid를 이용한 방법

③-2-1 Insert Primitive Solids에서 Cylinder/Cone창을 활성화 시킨 후 Reflector의 상면 모서리에 각각 4개의 Cylinder를 삽입한다.

표 2.12 Cylinder 좌표

	Base Position			Base Major R	Top Length
	X	Y	Z		
Cylinder 1	1.325	-1.325	0.675	1	2
Cylinder 2	1.325	-1.325	0.675		
Cylinder 3	-1.325	-1.325	0.675		
Cylinder 4	-1.325	1.325	0.675		

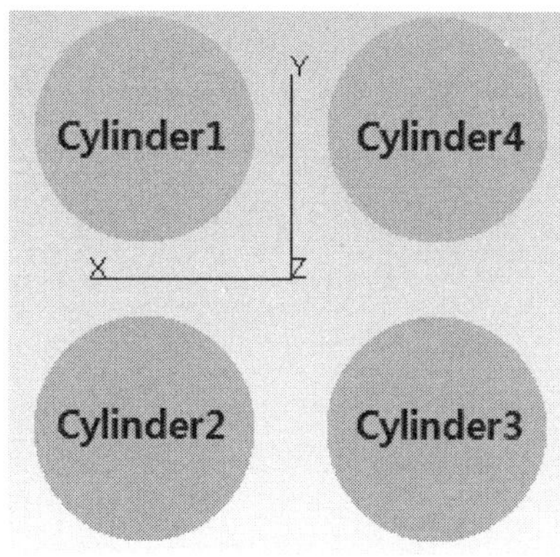

그림 2.11 Cylinder 삽입

*Z축은 Mold의 상면을 기준면으로 설정 하였다.

③-2-2 Block창을 활성화 한 후 Block을 삽입한다.

표 2.13 Block 좌표

	Center Position			Width		
	X	Y	Z	X	Y	Z
Block 1	0	0	1.675	2.65	4.65	2
Block 2				4.65	2.65	2

*Block과 Cylinder의 Z축 설정은 기준면이 다르므로 주의해야 한다.

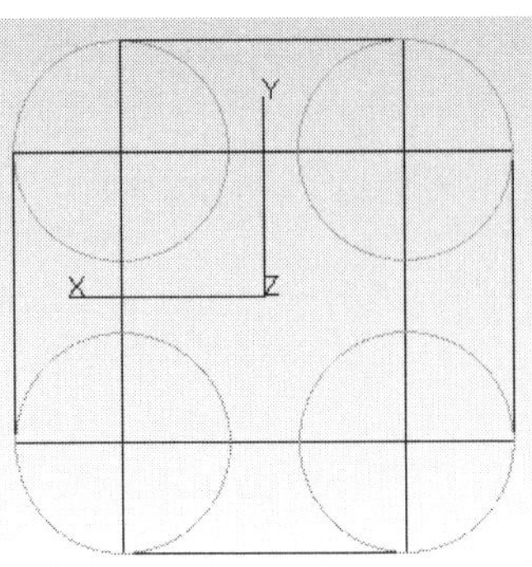

그림 2.12 Cylinder&Block 배치도

③-2-3 Unite기능을 이용하여 4개의 Cylinder와 2개의 Block을 합친다. 그러면 Mold에서 Reflector의 상면이 완성된 상태가 된다.
*현재 상태는 Reflector의 상측면 형상을 제작하기 위한 단계이므로 제작된 Block의 하측 면 데이터만 이용하여 Block을 재생성해야 한다.

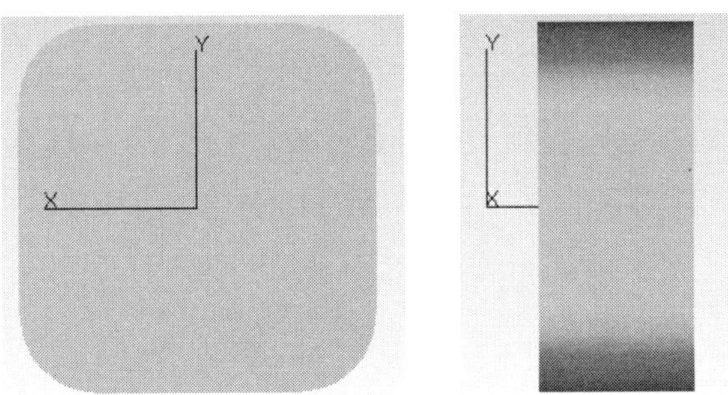

그림 2.13 Reflector 상측면

③-2-4 아이콘에서 하측면 Surface9를 선택한 후 Sweep Surface Selection 창에서 Sweep Data를 입력한다.(입력 데이터는 ③-1항과 동일하게 적용한다.)

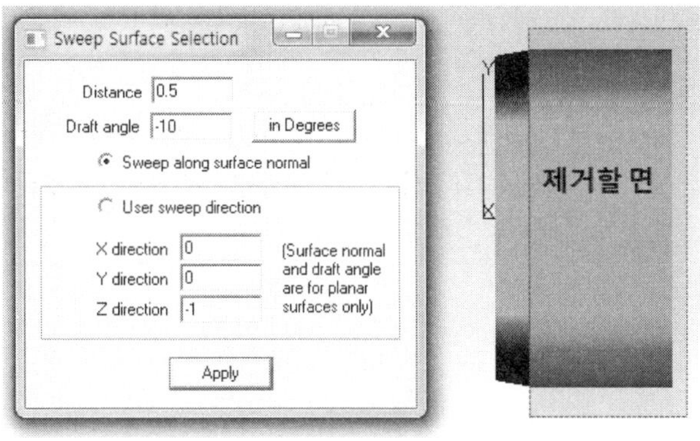

그림 2.14 Reflector Sweep 설정

③-2-5 Insert Primitive Solids창에서 위의 그림에서 표기된 면을 제거하기 위해 Block을 생성한다.
생성된 Block은 ③-2-4에서 생성한 Block의 필요 없는 부분을 제거하기 위한 용도로 사용되기 때문에 반드시 제거할 면보다 커야 하며 Reflector의 상면이 잘리지 않도록 Z값 설정을 필히 확인한다.

③-2-6 Subtract기능을 이용하여 Block을 삭제하면 Reflector의 면이 완성된다.
*Subtract기능을 사용할 때에는 항상 아이콘 설정 순서에 유의해야 한다.

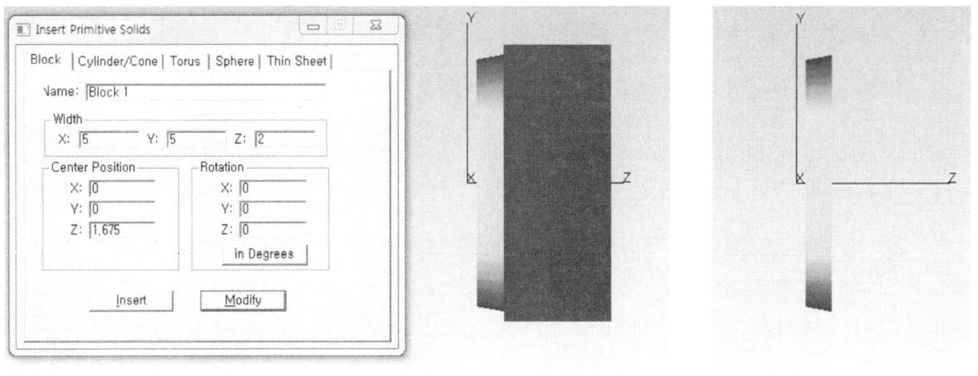

그림 2.15 Reflector 상측면 제거

③-2-7 위의 ③-1-8항목처럼 Mold에서 Reflector를 Subtract 한다.
** 현재 Reflector를 만드는 2가지 방법을 진행하였다. 이런 2가지의 방법 외에도 여러 가지 Rotation이나 Revolve기능 등이 많이 있으므로 사용자가 편리한 방법으로 설계를 하면 된다.

L E D 조명 광학설계 이론 및 활용 II

④ 완성된 Mold를 선택한 후 Apply Properties창에서 Surface를 Diffuse White로 설정한다.

* 앞에서도 언급한 것처럼 Diffuse White의 Surface특성은 내부 투과가 거의 없고 99% Lambertian형태로 반사되는 특성을 가지므로 Material설정을 따로 할 필요는 없다.

2) Chip Modeling

Chip에 대한 데이터는 현재 알 수 없는 상태이므로 1Chip을 적용한다.

① Insert Primitive Solids 창에서 Block 형태의 Chip을 생성한다.

- Chip Size: X 1 mm, Y 1 mm, Z 0.2 mm
- Position: X 0, Y 0 Z 0.275 mm(Z축의 기준면은 Reflector와 Chip이 닫는 면을 기준으로 설정한다.)

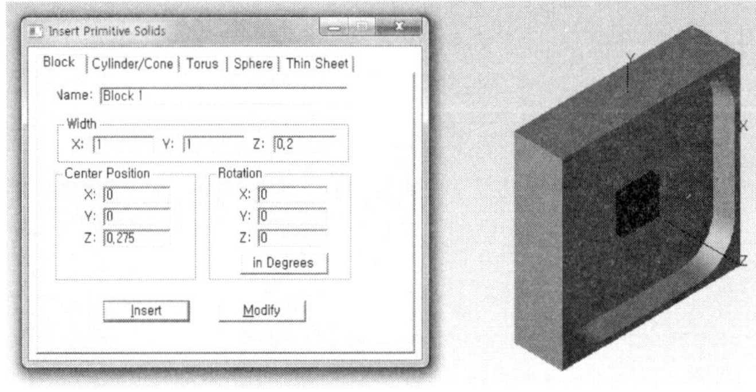

그림 2.16 Chip 설정 및 생성

② 생성된 chip의 Surface0을 선택한 후 Apply Properties창에서 Surface Source를 설정한다.

- Emission Type: Flux
- Units; Photometric
- Total Rays: 200000
- Flux: 100 lumens
- Wavelengths 0.5461 μm(중심파장)

*Simulation상에서는 파장을 편의상 1개의 단일 파장으로 선택하였으며 실질적으로 White LED의 경우 Blue와 Yellow파장의 분포도를 알고 있으면 직접 각각의 파장대에 대한 Weight 및 Ray수량을 지정할 수 있다.

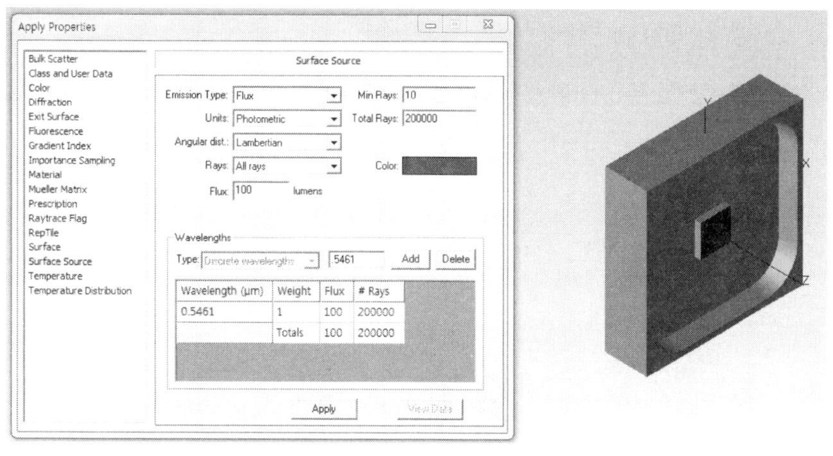

그림 2.17 Chip Property 설정

3) LED 봉지재 Modeling

봉지재의 모델링은Mold 설계 시 생성한 Reflector에 Chip의 사이즈만큼 공간을 확보하면 쉽게 Modeling이 가능하다.

① 새 창에서 Reflector 및 Chip을 삽입한다. 이때에도 Reflector와 Chip의 정열에 주의해야 한다.

② Subtract기능을 사용하여 Reflector에서 Chip의 사이즈를 빼준다.

③ Apply Properties 창에서 Material을 실내조명에서 생성한 Silicone LED로 설정한다.(굴절률 1.52)

④ 생성된 봉지재를 Mold 와 Chip이 결합된 창에 삽입한다.

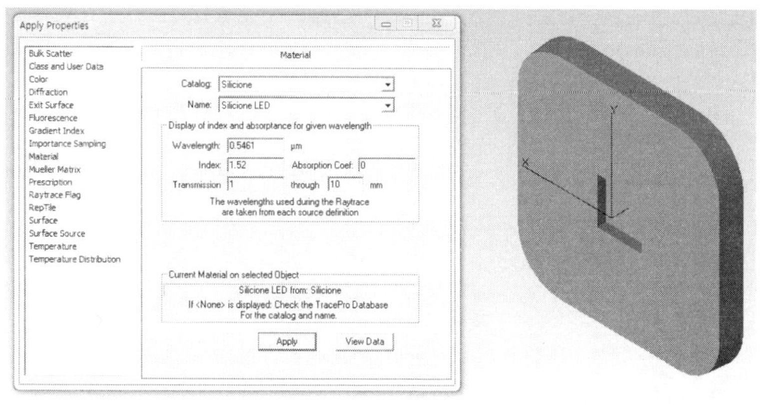

그림 2.18 봉지재 설정 및 생성

4) Candela Option 설정

*실내조명 설계 시 Setting값 동일적용(실내조명 1-3-1항 참고할 것)

5) LED 설계검토

① 상단의 메뉴 바에서 Trace Ray 아이콘 클릭 후 Simulation 진행

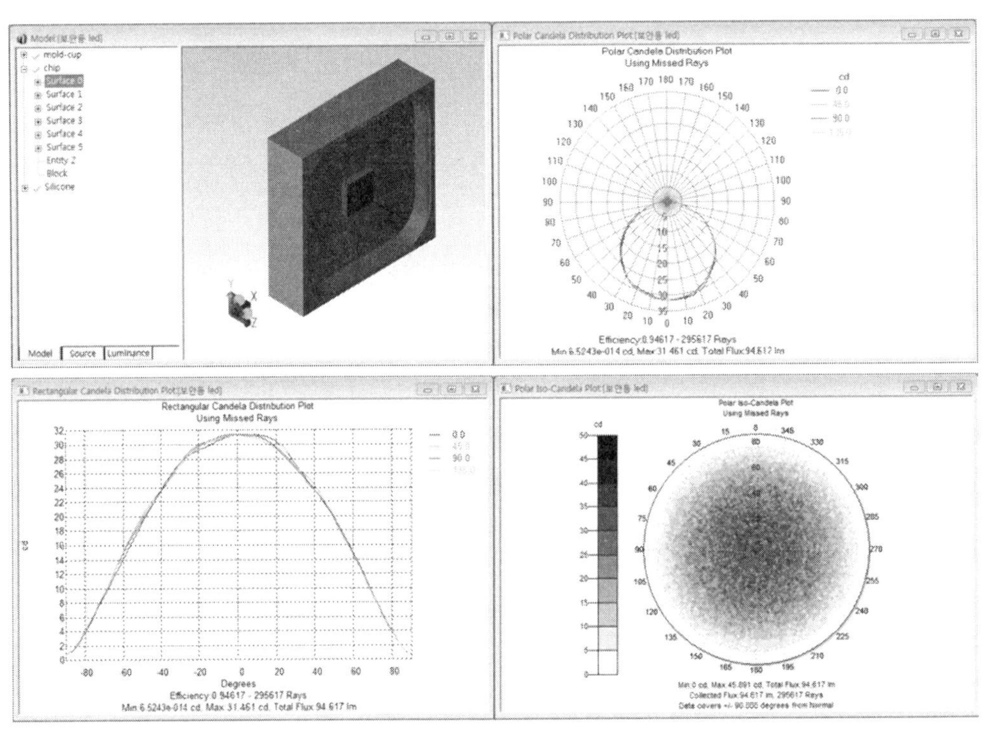

그림 2.19 LED Simulation

- 중심광도: 31.46 cd
- Beam Angle(△θ): 120 ° (LED Spec.과 일치)
  *중심광도가 31cd이고 절반광도 15.5cd인 부분이 60도 부분이므로 양쪽으로 120° 가 산출된다.
- Total Flux: 94.6 lm(표면 반사로 인해 94%의 Flux 산출)
- 렌즈효율: 94.6 %(매질의 흡수율 값은 제외)

→ 수정사항: Flux setting값 6% 상승

② 1차 설계사항 수정

Flux Setting값을 6 % 상승시켜 106 lm Setting 후 재 시뮬레이션 진행

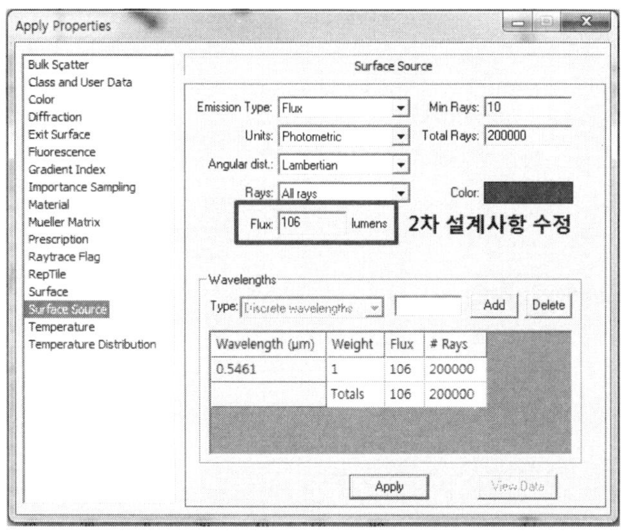

그림 2.20 1차 설계사항 수정

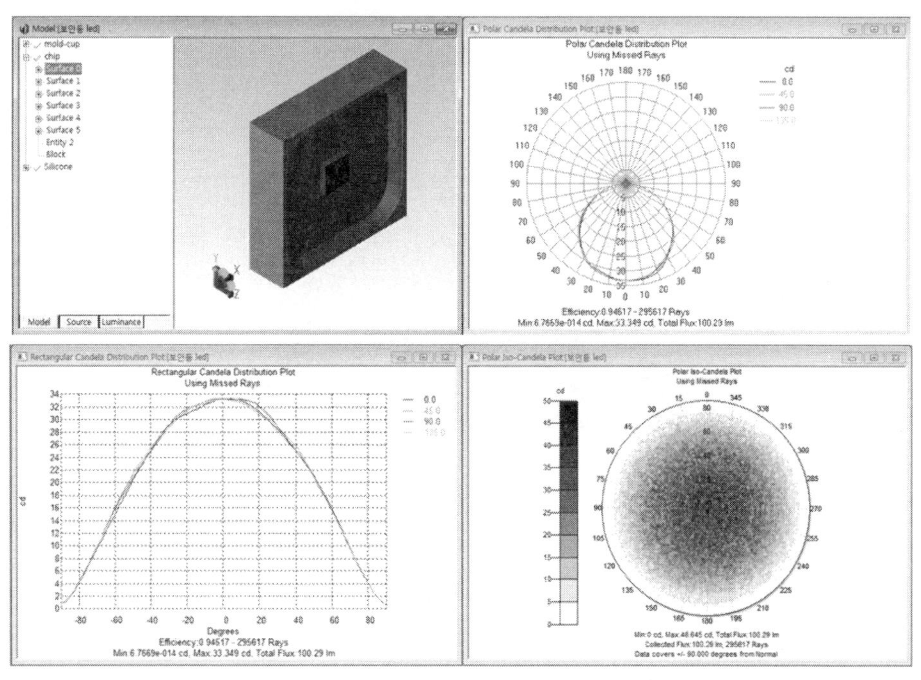

그림 2.21 2차 Simulation 결과값

③ 2차 설계사항 적용 데이터 검토
- 중심광도: 33.3 cd
- Beam Angle(△θ): 120 ° (LED Spec.과 일치)
*중심광도가 33.3 cd이고 절반광도 16.1 cd인 부분이 60도 부분이므로 양쪽으로 120°가 산출된다.
- Total Flux: 100 lm(LED Spec.과 일치)
- 렌즈효율: 94.6 %(매질의 흡수율 값은 제외)
→ Beam Angle 및 Total Flux LED Spec.과 일치함

1-3-2. 렌즈 Modeling

(1) 설계배경 데이터 검토

1) 적용면적에 따른 빛의 분포도 설정

① 적용면적: H- 6 m, 16(가로) X 8 m(세로)
② 세로축 등기구 발산 각도 계산

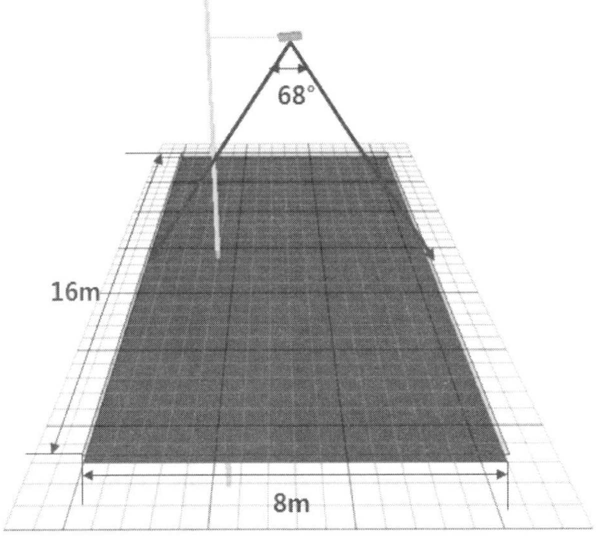

그림 2.22 세로축 등기구 발산각도

보안등을 적용면적의 중심에 위치시킨 후 등기구로부터 세로면적의 끝까지 연장선을 그어 각도를 측정 할 경우 총 각도 68도가 측정되며 한 축방향으로 34도의 발광분포가 되어야 한다.

③ 가로축 등기구 발산 각도 계산

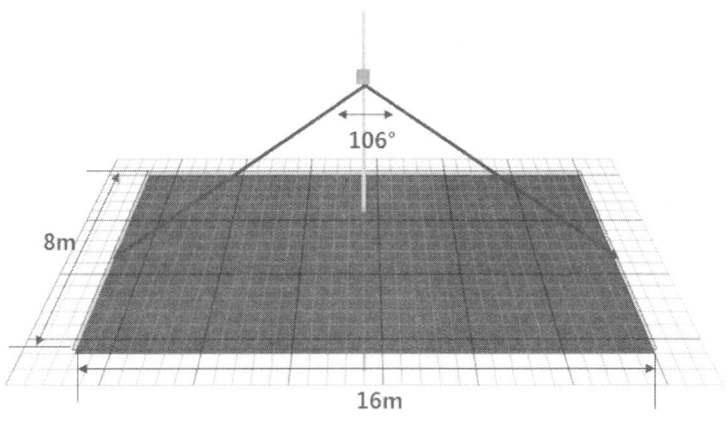

그림 2.23 가로축 등기구 발산각도

가로축도 마찬가지로 등기구의 중앙으로부터 연장선을 그어 총 각도를 측정할 경우 106도가 측정되며 한 축으로 53도가 된다.

2) 수평면 조도 계산

임의의 점에서 수평면 조도는 다음 공식으로 또는 수학적으로 이에 상당하는 식으로 계산한다.

$$Eh = \Sigma \frac{I(C,\gamma) \bullet \cos^3\varepsilon \bullet \Phi \bullet MF}{H^2}$$

Eh : 해당 점에서 유지된 수평면 조도(lux)

Σ: 모든 등기구가 관여한 기여의 합

$I(C,\gamma)$: 해당 점 방향의 광도(cd/klm)

ε: 해당 점에서 빛의 입사각

Υ: 수직측광각

H: 등기구의 설치 높이(m)

Φ: 등기구 내 램프 모두의 초기 광속(klm)

MF: 램프 광속 유지율과 등기구 유지율의 곱

수식에 의해 등기구에서 임의의 위치 조도는 cos3에 비례하므로 계산면적에서

동일한 조도 분포도를 얻기 위해서는 광도분포도가 1/cos3만큼 커져야 한다.

예로 위의 그림에서 등기구의 위치가 적용 면적의 중심에서 6 m의 높이에 위치할 경우 적용 면적의 가로축 각도가 53도이므로 1/cos3(53o)=4.58이 된다. 그러므로 중심광도 대비 53도 부근의 광도 값이 약 4.58배 이상 커야 조도 균일도가 좋다고 할 수 있다.

(2) 렌즈 설계

1) Insert Lens Element창을 클릭 후 설정 값 입력 후 렌즈 생성

- Thickness: 7 mm
- Units: Radius
- Material: Plastic Polycarb
- Surface 1 Radius: 0 mm
- Surface 2 Radius: -6 mm
- Aperture: Semi-Diameter 10 mm
- First Surface Center: X 0 Y 0 Z 1

현재 생성된 렌즈 형태를 보면 축대칭이므로 빛의 분포가 원형 분포를 갖는다. 이러한 원형 분포를 직사각 분포를 바꾸기 위해서는 렌즈 형태를 변형하는 작업이 필요하다.

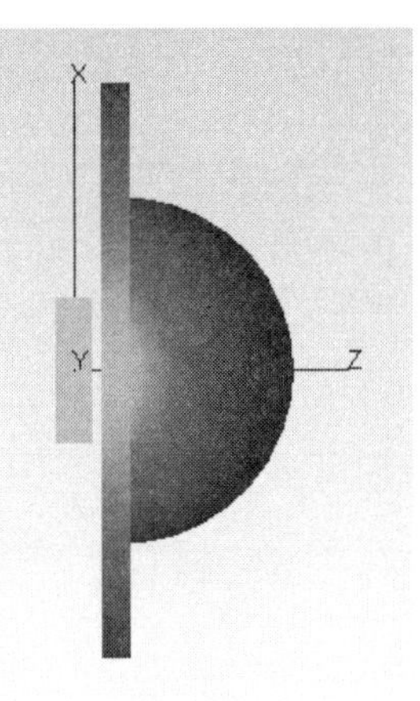

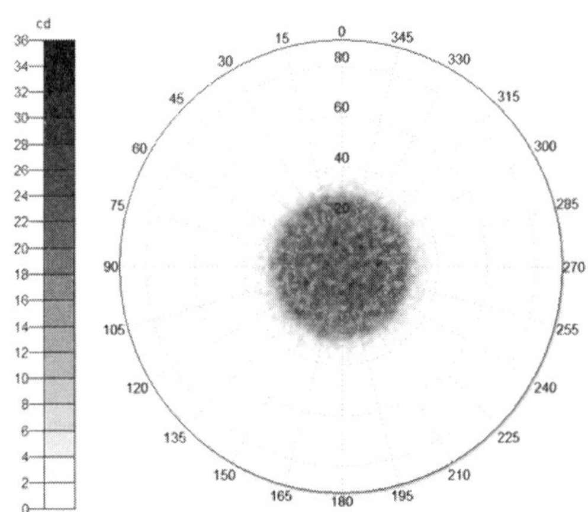

그림 2.24 설계렌즈 광 분포도

2) 렌즈 형태를 변경하여 빛의 분포도 수정

① 1)항에서 생성된 렌즈의 절반을 제거

- Insert Primitive Solids창에서 Block(X 100 mm, Y 100 mm, Z 100 mm) 생성 후 -Y 축으로 50 mm, +Y 축으로 50 mm씩 이동 및 Copy 한다.

② 생성된 렌즈에서 copy기능을 사용해 동일한 위치에 동일한 렌즈를 삽입 후 각각의 Block을 빼준다.

③ Sweep기능을 이용해 Surface 0면을 4mm씩 늘린다.(두개의 렌즈 모두 적용)

④ Move기능을 이용해 각각의 렌즈를 늘린 길이만큼 이동 후 Unite기능을 이용해 하나의 렌즈로 만든다.
Simulation을 통해 빛의 분포도 변화를 확인한다.

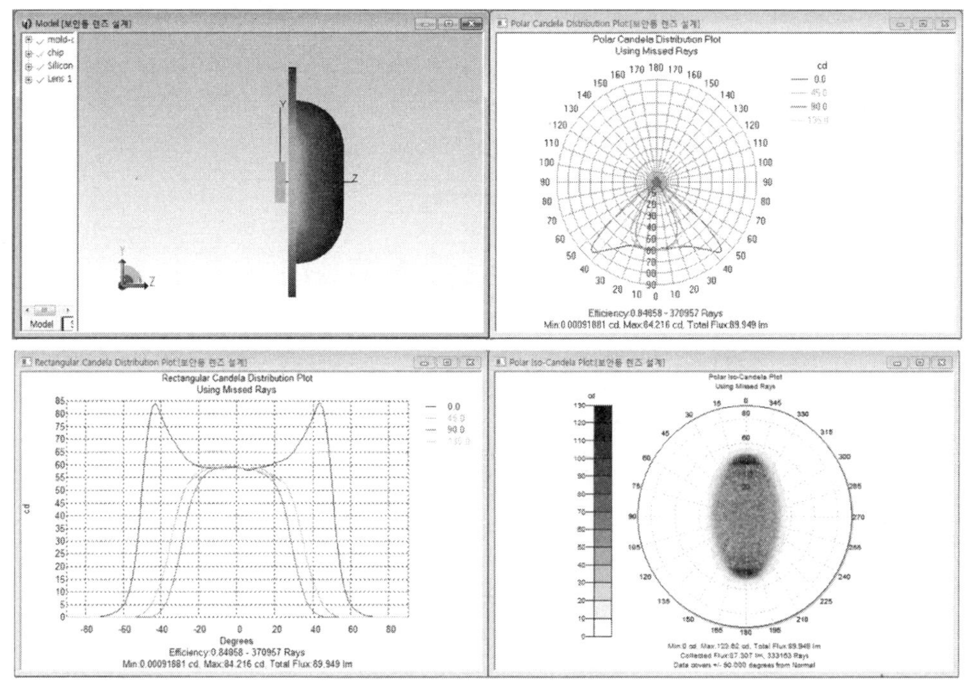

그림 2.25 1차 수정렌즈 적용 Simulation 결과값

빛의 분포도가 원형에서 길이방향으로 늘어난 형태를 볼 수 있다. 상면의 렌즈 곡률을 변경시켜 빛의 분포도를 증가시키는 데는 한계가 있다. 그러므로 하측면에 오목렌즈를 삽입하는 공정이 필요하다.

⑤ 하측면에 렌즈를 삽입한 후 Subtract기능을 이용해서 제거한다.

- Thickness: 2 mm
- surface 2 Radius: -5 mm
- Position: First Surface Center X 0, Y 0, Z 1 mm

* 렌즈를 생성 후 빼버리는 기능용이므로 Material을 따로 지정 할 필요 없다.

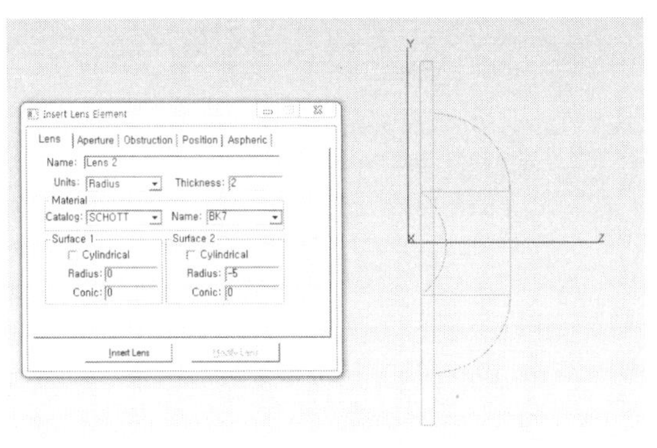

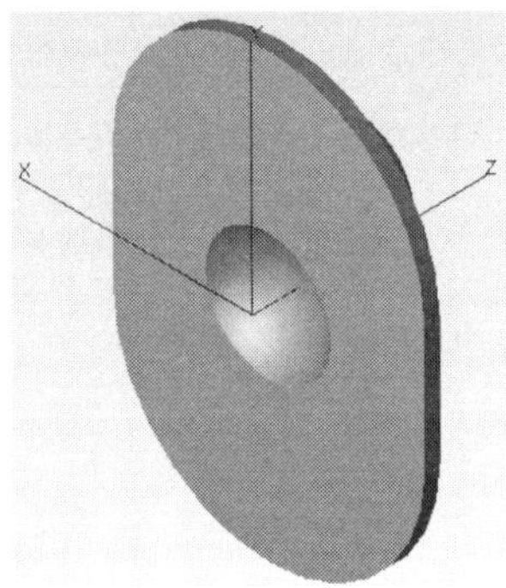

그림 2.26 렌즈 하측면 곡률설정

⑥ Simulation을 통해 빛의 분포도 변화를 확인한다.

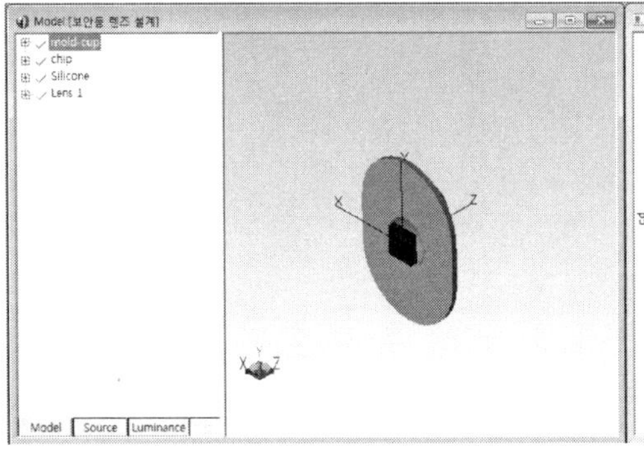

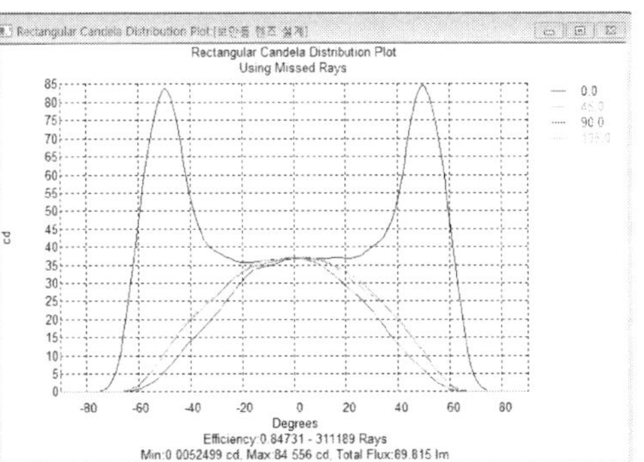

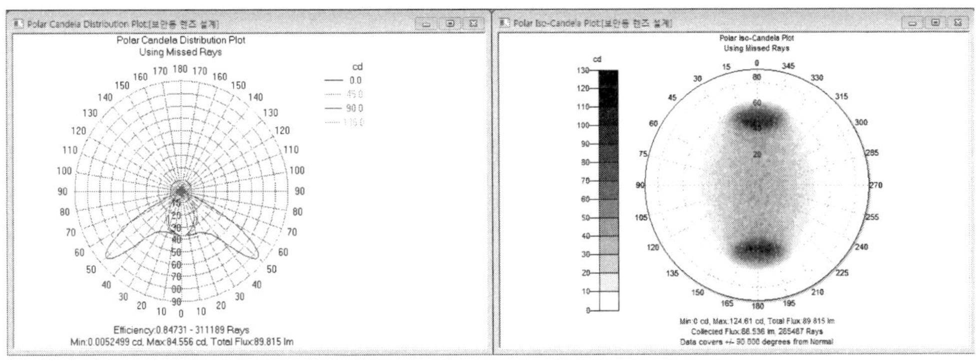

그림 2.27 2차 수정렌즈 적용 Simulation 결과값

3) 검토결과

- Beam Angle(△θ): X Axis-70 °, Y Axis-120 °
- 중심광도(0도에서의 candela 값): 37 cd
- Peak각도: 100 °
- 중심광도 대비 Peek 값 비율: 2.27배
- Total Flux: 93 lm(표면반사로 인한 약 7%의 Loss 발생)

* 종합적으로 Y축 배광각도가 약 10도정도 작으며 중심광도 대비 Peak 값 대비 비율이 낮은 값을 나타냄.(본 Simulation에서는 Lens 설계 방법에 대한 절차위주의 구성이므로 본 설계값을 그대로 적용함)

1-3-3. 기구물 설계

(1) 방열판 설계

1) LED 및 렌즈가 위치하는 면의 Size를 대략 300 mm X 200 mm로 규정한다.

① 새 창에서 Insert Primitive창에서 Block을 생성한다.
- Width: X 300 mm, Y 200 mm, Z 10 mm

② LED 및 Lens, PCB가 위치할 공간을 확보하기 위해 Block 생성 후 Subtract 기능을 이용해 공간을 확보한다.
- Width: X 290 mm, Y 190 mm, Z 3 mm
- Center Position: X 0, Y 0, Z 48.5 mm

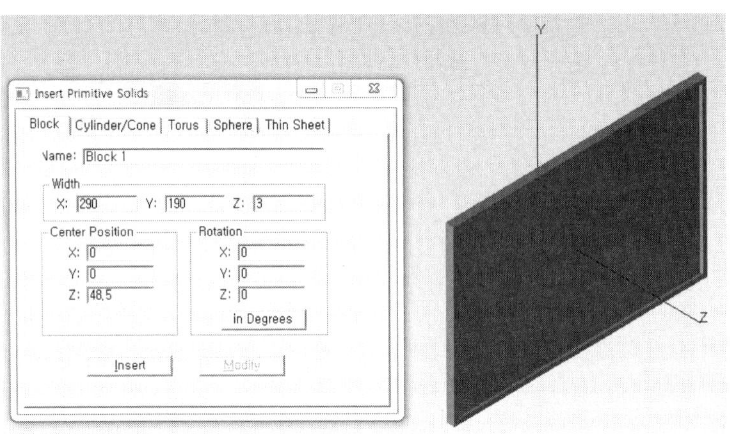

그림 2.28 방열판 상판 설정

③ 완성된 방열판의 하측에 방열날개를 생성한다.

③-1 중심축 삽입

- Width: X 300 mm, Y 3 mm, Z 90 mm
- Center Position: X 0, Y 0, Z -5 mm

③-2 날개부분 삽입

- Width: X 300 mm, Y 20 mm, Z 3 mm
- Center Position: X 0, Y 0, Z 40 mm

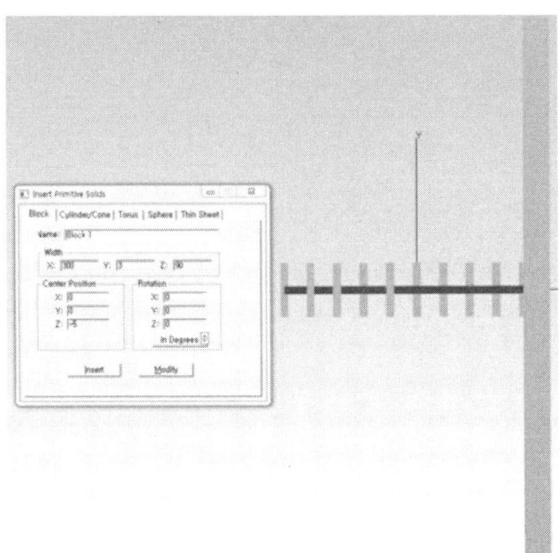

그림 2.29 방열날개 설정 및 생성

③-3 -Z축으로 10 mm 간격으로 9개를 Copy한다.

③-4 날개부분과 중심축을 Unite 기능을 이용해서 하나의 Solid로 만든다.

③-5 Copy기능을 사용하여 30 mm 간격으로 +Y축 3 ea -Y축 3 ea를 생성한다.

③-6 생성된 날개들과 방열판 상측을 합친다.

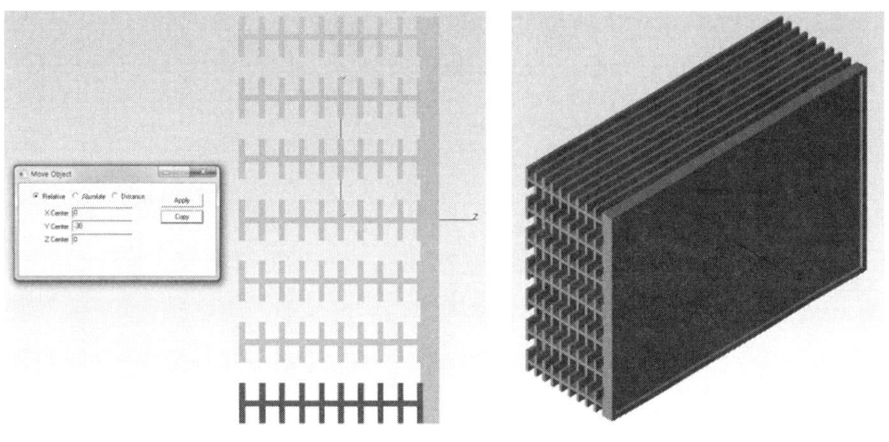

그림 2.30 방열판 결합

* 방열판 설계부분에서 등기구와 등주, 전원연결 부분은 생략하였음

④ Surface Properties창에서 Surface를 Diffuse White로 설정한다.

1-3-4 LED 수량 결정 및 Array

(1) LED Array

정격전력이 70 W이므로 LED당 1W의 전력이 소비된다고 할 때 총 70 ea의 수량이 필요하며 배열은 10X7 배열로 지정한다.

① 새 창에서 1-4-1항에서 제작한 LED를 활성화 시킨 후 Ray 수량을 Setting한다. LED Chip의 수량이 70 ea가 됨으로 각각의 LED에 대한 Ray 개수를 적당히 줄여 Simulation 시 시간에 대한 Loss, Memory 부족에 대한 에러가 없도록 Array전에 조절한다.

- Ray 수량: 5000 ea

② LED를 하기 Setting값으로 배열한다.

- X축: 간격- 26 mm, LED 수량- 10 ea
  5번째와 6번째 LED 간격의 중앙이 원점에 오도록 Copy와 move기능을 적절히 사용하여 배열한다.
- Y축: 간격- 24 mm, LED 수량- 7 ea
  4번째 LED의 중심이 배열 중심이 되도록 한다.
- Z축: 47 mm(LED PKG의 바닥면과 방열판의 상측면이 닫는 지점위치)

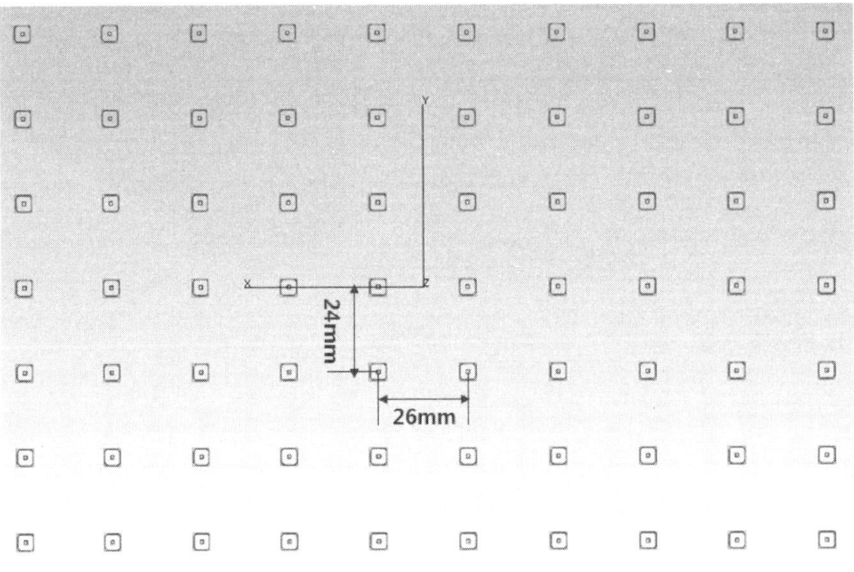

그림 2.31 LED 배열

* LED를 Copy 또는 Move 시 LED 구성요소인 Chip, Mold, 봉지재를 모두 선택하여 동일한 치수간격만큼 이동한다.

(2) **렌즈** Array

① 렌즈도 마찬가지로 (1)항에서 이동한 간격과 동일하게 이동시킨다.

② 이동한 렌즈를 모두 클릭한 후 Unite기능을 사용해 1개의 Solid로 합친다.(렌즈 배열 상태를 보면 여러 렌즈들이 겹쳐서 배열된 상태가 됨으로 반드시 Unite기능을 사용해야 렌즈간의 충돌에 의한 에러현상을 방지 할 수 있다.)

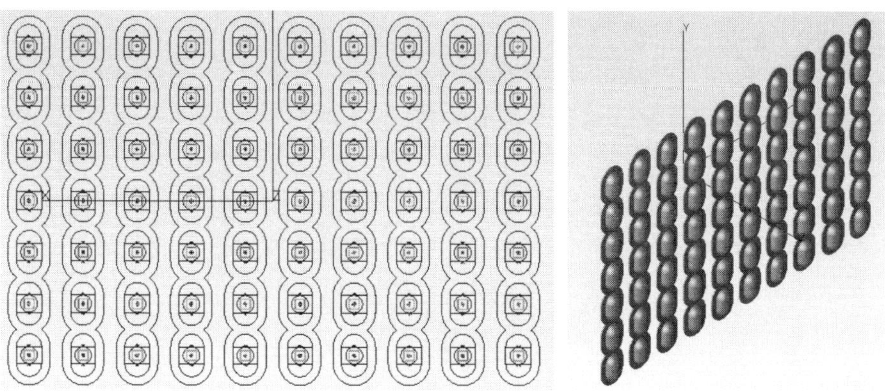

그림 2.32 Lens 배열

(3) 방열판 삽입

1-4-3항에서 설계한 방열판을 삽입한다.

- 기준면: 방열판의 상측면(Z축 위치 47 mm)

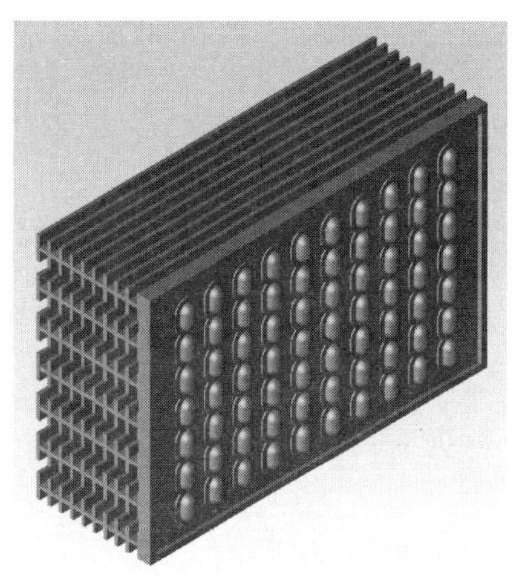

그림 2.33 방열판 결합

* 렌즈 커버는 광 경로에 영향을 미치지 않으므로 설계에서 생략하였음

1-3-5. Simulation을 통한 특성 분석

(1) Simulation 진행 및 결과 분석

Trace Ray 아이콘을 클릭하여 Simulation 완료 후 상단의 Polar Candela Distribution

Plot창, Rectangular Candela Distribution Plot창, Polar Iso-Candela Plot창을 클릭하여 Candela 분포 결과값을 검토한다.

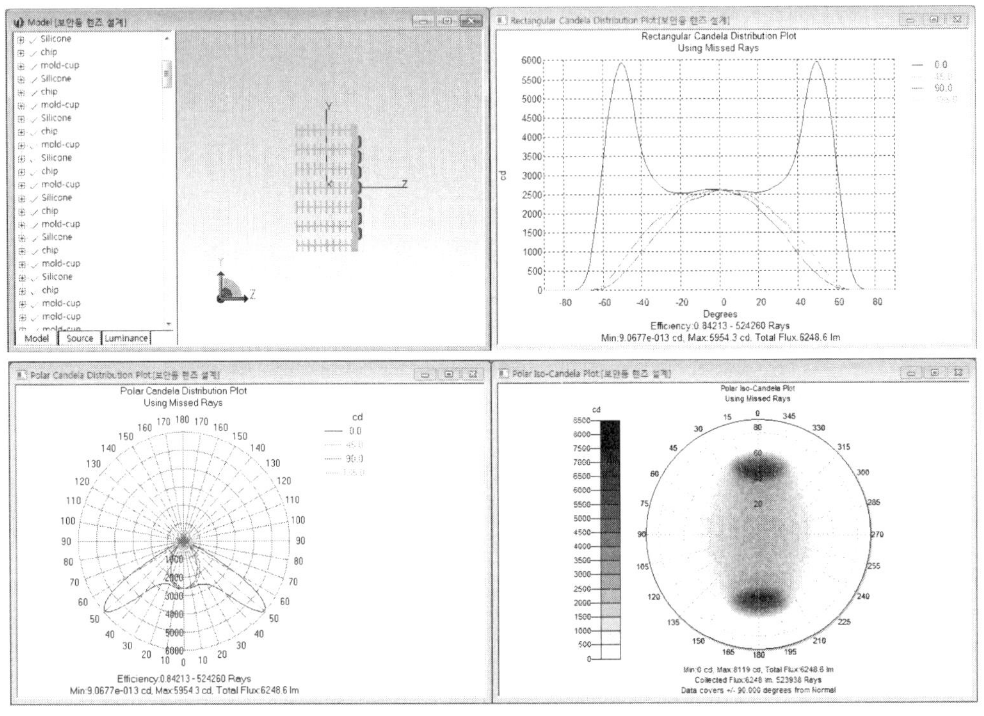

그림 2.34 Simulation 결과값

- Beam Angle(△θ): X Axis-70 °, Y Axis-120 °
- 중심광도(0도에서의 Candela값): 2650 cd
- Peak 각도: 100 °
- 중심광도 대비 Peek 값 비율: 2.27배
- Total Flux: 6248 lm
- 광효율: 89 lm/W(회로부분에서 발생하는 Loss는 제외한 값임)
- 소비전력: 70 W

(2) TXT File 분석

TracePro Release: 6 0 4
Polar Candela Distribution Data for D:₩Data for Missed Rays
Data generated at 18:11:54 May 04, 2010

수평측 각도

수직측 각도	0.0	45.0	90.0	135.0	180.0	225.0	270.0	315.0
0.000	2624.95	2620.56	2608.22	2628.36	2624.95	2620.56	2608.22	2628.36
10.000	2592.59	2512.56	2477.04	2538.56	2603.87	2525.75	2424.29	2533.32
20.000	2549.63	2336.6	2156.87	2316.7	2538.78	2298.52	2172.86	2307.82
30.000	2753.7	1900.07	1604.48	1934.74	2728.6	1887.73	1572.09	1920.44
40.000	3692.7	1400.62	962.844	1418.47	3704.63	1424.12	984.189	1401.11
50.000	5954.32	781.97	412.11	776.25	5930.8	785.013	424.529	772.985
60.000	3499.2	155.508	70.6142	155.964	3527.71	159.815	66.2835	152.998
70.000	171.16	7.05143	5.97544	6.77599	174.009	7.73	6.67421	7.23303
80.000	2.00075	4.72837	3.14605	3.4089	1.84801	4.04575	2.97457	3.45132
90.000	0.540541	0.730219	1.66599	0.783723	0.114055	0.725872	1.62931	1.31975
100.000	0.0735213	0.00515013	0.157728	0.0230196	0.0767476	0.00568151	0.115159	0.0735436
110.000	0.00123807	1.62869e-007	6.09768e-005	5.96152e-006	0.00275951	8.05863e-007	3.96341e-005	3.37235e-005
120.000	2.1239e-008	3.61619e-012	1.20184e-011	2.89206e-012	4.94755e-008	6.87811e-012	8.62059e-012	1.30207e-011
130.000	2.16161e-010	2.35782e-011	1.10944e-011	2.36763e-011	9.07241e-011	1.42564e-011	9.35821e-012	1.41898e-011
140.000	1.4235e-010	6.06089e-011	4.37232e-011	5.99258e-011	3.66129e-011	1.32144e-011	8.34622e-012	1.37493e-011
150.000	1.12581e-010	8.42086e-011	7.02967e-011	8.59889e-011	2.67958e-011	1.76341e-011	1.47796e-011	1.80231e-011
160.000	1.23951e-010	1.09119e-010	1.02791e-010	1.10112e-010	2.27039e-011	1.64666e-011	1.48433e-011	1.67041e-011
170.000	1.20656e-010	1.25372e-010	1.2135e-010	1.25782e-010	1.42374e-011	1.17123e-011	1.13555e-011	1.17949e-011
180.000	1.57641e-011	7.39665e-012	6.52812e-012	7.39755e-012	1.57641e-011	7.39665e-012	6.52812e-012	7.39755e-012

수직측 각도

(LED 보안등 TXT 결과값)

(3) IES File 분석

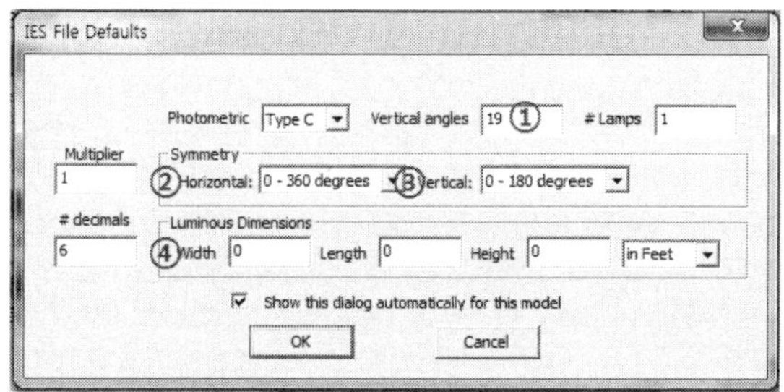

```
IESNA:LM-63-2002
[TEST]Generated by TracePro Release: 6 0 4
[MORE]D:₩TILT=NONE ①
1 7420,000000 1,000000 19 9 1 1 0,000000 0,000000 0,000000 ④
1 1 1
③0,00 10,00 20,00 30,00 40,00 50,00 60,00 70,00 80,00 90,00 100,00 110,00
120,00 130,00 140,00 150,00 160,00 170,00 180,00
②0,00 45,00 90,00 135,00 180,00 225,00 270,00 315,00 360,00
2620,521404 2592,588094 2549,625671 2753,703435 3692,696310
5954,318672 3499,200421 171,160278 2,000753 0,540541 0,073521 0,001238
0,000000 0,000000 0,000000 0,000000 0,000000 0,000000 0,000000
2620,521404 2512,563388 2336,600982 1900,071696 1400,621510
781,969644 155,507592 7,051426 4,728371 0,730219 0,005150 0,000000
0,000000 0,000000 0,000000 0,000000 0,000000 0,000000 0,000000
2620,521404 2477,038597 2156,869440 1604,477246 962,844171 412,110167
70,614228 5,975438 3,146053 1,665987 0,157728 0,000061 0,000000
0,000000 0,000000 0,000000 0,000000 0,000000 0,000000
2620,521404 2538,559321 2316,703042 1934,744031 1418,468428
776,250376 155,964091 6,775989 3,408896 0,783723 0,023020 0,000006
0,000000 0,000000 0,000000 0,000000 0,000000 0,000000 0,000000
2620,521404 2603,867865 2538,779679 2728,603873 3704,627664
5930,802929 3527,705747 174,009242 1,848015 0,114055 0,076748 0,002760
0,000000 0,000000 0,000000 0,000000 0,000000 0,000000 0,000000
2620,521404 2525,748580 2298,524153 1887,734066 1424,117237
785,013074 159,815442 7,729996 4,045754 0,725872 0,005682 0,000001
0,000000 0,000000 0,000000 0,000000 0,000000 0,000000 0,000000
2620,521404 2424,287537 2172,856201 1572,089513 984,188776 424,528539
66,283490 6,674208 2,974574 1,629309 0,115159 0,000040 0,000000
0,000000 0,000000 0,000000 0,000000 0,000000 0,000000
2620,521404 2533,321490 2307,821583 1920,439664 1401,113132
772,984997 152,997603 7,233032 3,451322 1,319750 0,073544 0,000034
0,000000 0,000000 0,000000 0,000000 0,000000 0,000000 0,000000
2620,521404 2592,588094 2549,625671 2753,703435 3692,696310
5954,318672 3499,200421 171,160278 2,000753 0,540541 0,073521 0,001238
0,000000 0,000000 0,000000 0,000000 0,000000 0,000000 0,000000
```

IES파일은 일반적인 조도 Simulation프로그램에서 사용되는 Source파일이다.

방범등의 경우 도로조건에 맞는 적절한 조도값 및 분포도를 갖고 있어야 한다. KS기준의 경우 높이 6m에서 보안등의 평균노면 조도값은 20lx(교통량이 많은 상업지역)를 만족하여야 한다. 이러한 평균조도 및 조도 분포도를 알기 위해서는 TracePro를 사용해서 Simulation이 가능하지만 충분한 Ray개수가 필요하며 이에 따른 시간이 많이 소요된다. 그러므로 일반적으로 많이 사용되는 조도 Simulation Tool중에서 Relux를 사용하여 조도 분석을 진행하는 것이 유리하다.

(4) Relux를 통한 조도값 분석

1) Floor Plan

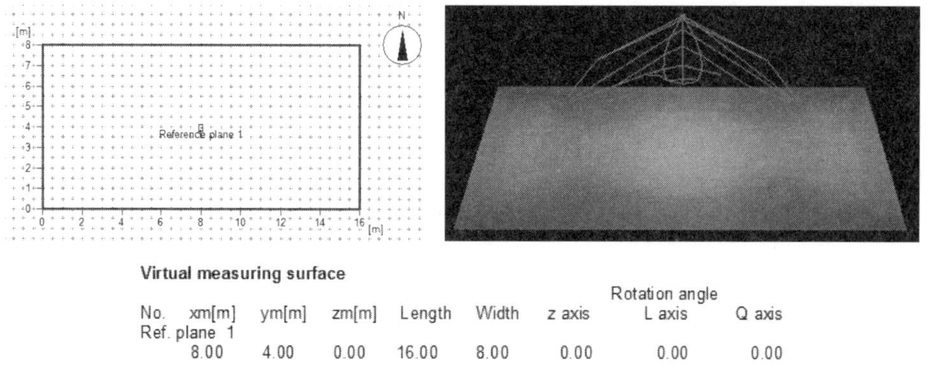

Virtual measuring surface

No.	xm[m]	ym[m]	zm[m]	Length	Width	Rotation angle z axis	Rotation angle L axis	Rotation angle Q axis
Ref. plane 1								
	8.00	4.00	0.00	16.00	8.00	0.00	0.00	0.00

그림 2.35 Simulation Dimension

2) 조도 분포도

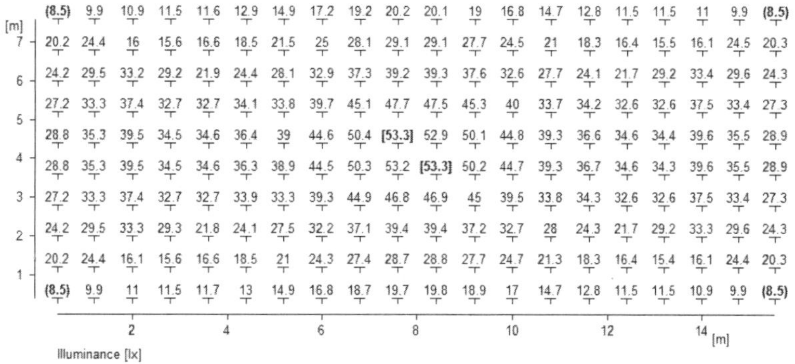

(8.5)	9.9	10.9	11.5	11.6	12.9	14.9	17.2	19.2	20.2	20.1	19	16.8	14.7	12.8	11.5	11.5	11	9.9	(8.5)
20.2	24.4	16	15.6	16.6	18.5	21.5	25	28.1	29.1	29.1	27.7	24.5	21	18.3	16.4	15.5	16.1	24.5	20.3
24.2	29.5	33.2	29.2	21.9	24.4	28.1	32.9	37.3	39.2	39.3	37.6	32.6	27.7	24.1	21.7	29.2	33.4	29.6	24.3
27.2	33.3	37.4	32.7	32.7	34.1	33.8	39.7	45.1	47.7	47.5	45.3	40	33.7	34.2	32.6	32.6	37.5	33.4	27.3
28.8	35.3	39.5	34.5	34.6	36.4	39	44.6	50.4	[53.3]	52.9	50.1	44.8	39.3	36.6	34.6	34.4	39.6	35.5	28.9
28.8	35.3	39.5	34.5	34.6	36.3	38.9	44.5	50.3	53.2	[53.3]	50.2	44.7	39.3	36.7	34.6	34.3	39.6	35.5	28.9
27.2	33.3	37.4	32.7	32.7	33.9	33.3	39.3	44.9	46.8	46.9	45	39.5	33.8	34.3	32.6	32.6	37.5	33.4	27.3
24.2	29.5	33.3	29.3	21.8	24.1	27.5	32.2	37.1	39.4	39.4	37.2	32.7	28	24.3	21.7	29.2	33.3	29.6	24.3
20.2	24.4	16.1	15.6	16.6	18.5	21	24.3	27.4	28.7	28.8	27.7	24.7	21.3	18.3	16.4	15.4	16.1	24.4	20.3
(8.5)	9.9	11	11.5	11.7	13	14.9	16.8	18.7	19.7	19.8	18.9	17	14.7	12.8	11.5	11.5	10.9	9.9	(8.5)

3) Isoline

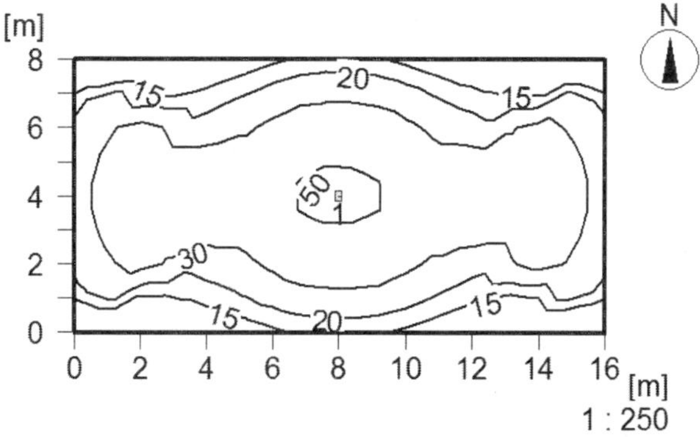

4) 분포도 분석값

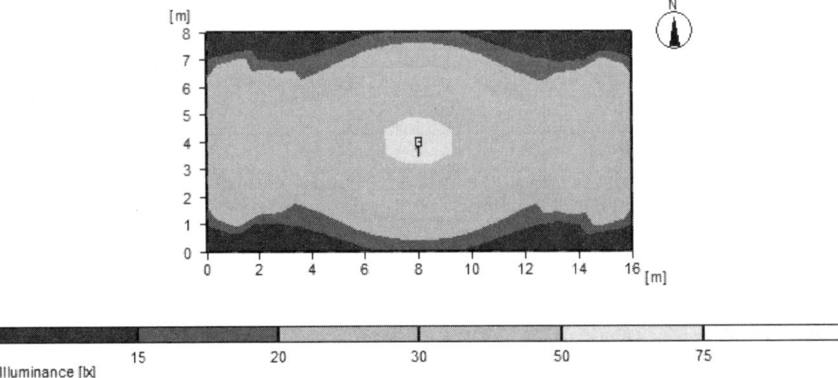

General

Calculation algorithm used	Average indirect fraction
Height of evaluation surface	0.00 m
photometric centre height. [m]:	6.00 m 등기구 높이
Maintenance factor	0.75 유지보수율 75%
Total luminous flux of all lamps	7420 lm 총광속값(반사 Loss에 의한 값은 미반영)
Total power	70 W
Total power per area (128.00 m²)	0.55 W/m² (1.94 W/m² /100lx)

Illuminance		
Average illuminance	Eav	28.2 lx
Minimum illuminance	Emin	8.5 lx
Maximum illuminance	Emax	53.3 lx
Uniformity g1	Emin/Em	1:3.33 (0.3)
Uniformity g2	Emin/Emax	1:6.3 (0.16)

평균조도값은 28.2lx로 KS인증 기준의 값(20 lx)을 상회하는 결과값을 얻어 KS기준에 적합하다고 할 수 있다. 추후 보완사항으로는 조도 균일도를 좀 더 높여 각각의 위치에서 일정한 조도값이 되도록 설계하는 것이며 설계방법 및 분석은 설계자의 몫이다.

2. 가로등

2-1. 국내 표준 규격(광학적 특성부분 발췌)

2-1-1 KS표준

(Ⓚ LED 가로등 및 보안등기구의 안전 및 성능 요구사항 KS C 7658:2009)

(1) 적용범위

보안등기준과 동일적용

(2) 인용표준

- 도로조명 기준(KS A 3701)
- 등기구 안전(KS C IEC 60598)
- 구동장치(KS C IEC 61347)
- LED 모듈(KS C IEC 62031)
- EMI(KS C CISPR 15)
- EMS(KS C IEC 61547)

(3) 용어와 정의

- LED 가로등기구(LED Road luminaires): 자동차 운전자가 도로를 안전하게 주행할 수 있도록 일반적으로 지상 8 m이상 높이에 설치하여 도로 및 도로 주변을 조사할 수 있는 LED 등기구
- 노면 조도: 노면이 광원의 빛으로 조사되는 정도를 의미하며, 입사되는 광속을 노면의 면적으로 나눈 값
- 수평면조도: 보도 노면상의 평균조도
- 종합균제도(Overall Uniformity): 노면휘도 분포의 균일한 정도를 나타내는 휘도의 비(KS기준에서는 조도관점에서 값을 분석하므로 조도의 비로 해석함)
- 차선축 균제도(Lane Uniformity): 전방 노면의 눈에 보이는 밝기 분포의 균일한 정도를 나타내는 휘도의 비(차선축 균제도도 마찬가지로 조도기준으로 차선의 중심선에서 조도의 비로 해석함)

(4) 소비전력에 따른 종류 구분

보안등 등기구와 동일 구분

(5) LED 등기구의 구분기호

표 2.14 가로등 구분기호

종류	구분	구분기호
LED 가로등기구	설치높이	Rd8, Rd10, Rd12
	차선	1, 2, 3, 4
	도로조명 등급	M1, M2, M3, M4, M5
	노면 등급	R1, R2, R3, R4
	등기구 배열	O, B, S

① 종류 구분 중 Rd는 가로등을 의미하며 숫자는 설치 높이(m)를 나타낸다.

② 등기구 배열 O(one Side)는 한쪽, B(both side)는 마주보기, S(staggered layout)는 지그재그를 나타낸다.

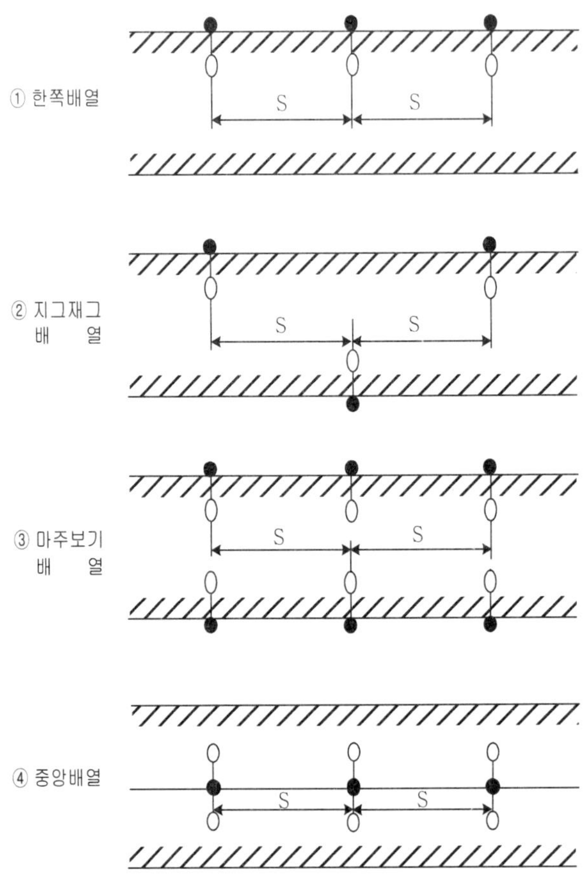

그림 2.36 LED 가로등기구의 배열

③ 도로 및 교통의 종류에 따른 도로 조명 등급

표 2.15 도로 조명등급

도로의 종류	교통의 종류와 자동차 교통량	도로 조명등급
상하행선이 분리되고 교차부는 모두 입체교차로로서, 출입이 완전히 제한되어 있는 고속의 도로. 자동차 전용도로 또는 고속도로	교통량이 많으면서 도로 선형이 복잡한 경우	M1
	교통량이 많거나 도로 선형이 복잡한 경우	M2
	교통량이 적고 도로 선형이 단순한 경우, 또는 주변 환경이 어두운 경우	M3
고속의 도로, 상하행선 분리 도로	교통제어와 다른 형태의 도로 사용자의 분리가 부족함.	M1
	교통제어와 다른 형태의 도로 사용자의 분리가 잘 되어 있음.	M2
주요한 도시 교통로, 간선도로, 국도	교통제어와 다른 형태의 도로 사용자의 분리가 부족함.	M2
	교통제어와 다른 형태의 도로 사용자의 분리가 잘 되어 있음.	M3
중요도가 낮은 연결 도로, 지방 연결도로, 주택지역의 주 접근 도로, 사요지로의 접근 도로와 연결 도로	교통제어와 다른 형태의 도로 사용자의 분리가 부족함.	M4
	교통제어와 다른 형태의 도로 사용자의 분리가 잘 되어 있음.	M5

④ 도로의 표면과 반사특성에 따른 노면 등급

표 2.16 노면등급

노면등급	휘도계수 Sr^{-1}	도로 표면의 특성
R1	0.10	• 콘크리트 도로표면 • 최소한 15%의 인공 광택제(예를 들어 시노팔 등), 또는 최소한 30%의 매우 광택이 있는 사장암(예를 들어 래브라도르장석, 규암 등)이 혼합된 아스팔트 도로표면 • 대부분 확산반사
R2	0.07	• 자갈(1 cm 이상의 크기)을 60% 이상 포함한 아스팔트 도로표면 • 혼합제에 10~15%의 인공 광택제를 포함한 아스팔트 도로표면 • 확산반사와 정반사의 혼합제
R3	0.07	• 어두운 색의 혼합제(예를 들어 트림 화성암, 고로 슬래그)를 갖는 아스팔트 도로표면 • 약간 정반사
R4	0.08	• 표면이 매우 부드러운 느낌을 갖는 아스팔트 도로 • 대부분 정반사

⑤ 표시 예

Rd8-2-M2-R1-O: LED 가로등기구 설치 높이가 8 m, 2차선 도로 적용, 교통량이 많거나 도로 선형이 복잡한 경우, 콘크리트 도로 표면, 등기구 배열이 한쪽이 배열

(6) 운전자에 대한 도로조명의 조도 기준

표 2.17 도로 조도 기준

도로조명 등급	포장도로 등급별 평균 노면 조도 E_{avg}(lx)(최소허용치)			조도균제도(최소허용치)	
	R1	R2&R3	R4	종합조도균제도 (UE_O)E_{min}/E_{avg}	차선축 조도균제도 (UE_l)E_{min}/E_{max}
M1	20	29	25	0.4	0.7
M2	15	22	19	0.4	0.7
M3	10	14	13	0.4	0.5
M4	8	11	9	0.4	-
M5	5	7	6	0.4	-

(7) 차도 폭에 대한 LED 등기구의 설치 높이와 최대 간격

표 2.18 등기구 설치높이 및 간격

단위: m

설치 높이	차도 폭	2차선	3차선	4차선
8	한쪽	24	-	-
	지그재그	24	24	-
	마주보기	-	28	24
10	한쪽	30	-	-
	지그재그	30	30	-
	마주보기	-	35	30
12	한쪽	42	36	-
	지그재그	-	36	36
	마주보기	-	42	42

(8) LED 가로등기구 조도 계산 입력값

① 등주설치 높이: (7)항 참조

② 등주배열: (7)항 참조

③ 도로폭: 차선수 X 3.5(1차선은 3.5 m로 지정함)

④ 등주 배열 간격: (7)항 참조

⑤ 차선: (7)항 참조

⑥ 포장도로등급: (5)-③항 참조

⑦ 등기구 암길이: 2 m(가로등에서 등기구 중심까지 뻗어 나간 길이)

⑧ 등기구 각도: 0, 1, 2, 3, 4, 5도 중 가장 적합한 값 선택(도로면을 기준으로 한 등기구의 기울여진 각도)

⑨ 보정 계수: 0.75

*위의 ①~⑨항은 가로등 설계 시 필수 선택사항이므로 반드시 이해해야 한다.

2-2. 목표 Spec.선정

2-2-1. 국내표준 규격

KS표준(㉿ LED 가로등 및 보안등기구의 안전 및 성능 요구사항 KS C 7658:2009)

2-2-2. 색온도: 5000 K

2-2-3. 연색성: 60이상

2-2-4. LED Lamp의 지향각: 표기사항 없음.

2-2-5. LED램프의 정격전력: 80 W

2-2-6. Source LED 선정

LED 보안등 LED 동일 적용(1W Power LED 사용)

2-2-7. 도로등급

표 2.19 도로등급

인자	입력값	비고
등주 설치 높이	10m	
등주배열	한쪽배열	
도로폭	7m	2차선으로 차선 당 3.5m
등주 배열 간격	30m	2차선에서 최대간격
차선	2차선	
포장도로 등급	M3, R2&R3	평균 노면 조도: 14lx 종합조도균제도: 0.4 차선 축 조도균제도: 0.5
등기구 암길이	2m	암길이 고정
등기구 각도	5도	1~5도값 중 결과값이 좋은 각도 선택
보정계수	0.75	유지보수율 계수

2-3. Modeling

2-3-1. Source(LED) Modeling

LED 보안등 LED 동일적용

2-3-2. 렌즈 Modeling

(1) 설계배경 데이터 검토

1) 적용면적에 따른 빛의 분포도 설정

① 적용면적: H- 10 m, 30(가로) X 7 m(세로)

② 세로축 등기구 발산 각도 계산

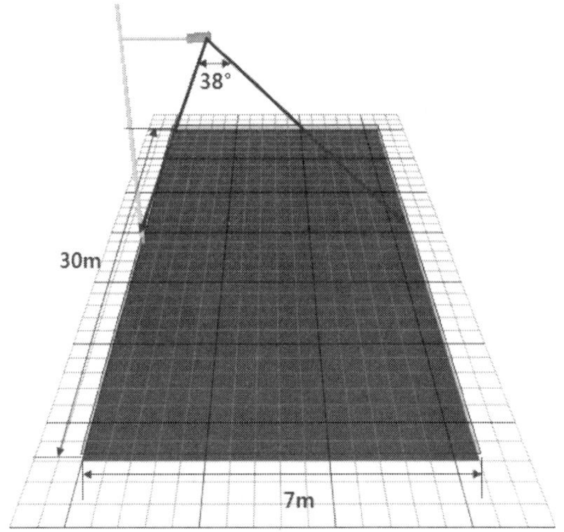

그림 2.37 세로축 발산 각도

등기구로부터 2개 차선의 양끝 단면까지 연장선을 삽입 후 각도를 계산하면 약 38도의 각도가 계산이 된다. LED 보안등의 경우 등기구의 위치가 Simulation 면적의 중앙에 위치하지만 가로등의 경우 한쪽 차선 쪽으로 치우쳐 위치하고 렌즈 설계 시 배광 분포도가 렌즈 중심을 기준으로 대칭으로 발산하기 때문에 측정된 값에 추가적 각도가 필요하다. 대략 54도 이상의 각을 설정한다.

③ 가로축 등기구 발산 각도 계산

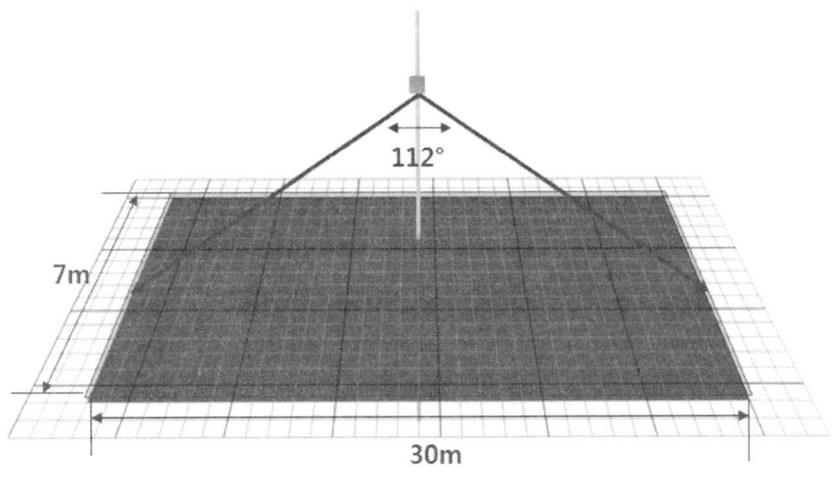

그림 2.38 가로축 발산 각도

가로축은 총 112도의 각이 필요하며 한쪽 방향으로 56도 이상의 각도가 필요.

2) **수평면 조도 계산**

LED 보안등기구 설계 시 언급했던 수식에 의해 조도는 cos3에 비례하므로 계산면적에서 동일한 조도 분포도를 얻기 위해서는 광도분포도가 1/cos3 만큼 커져야 한다.

① 설계값 계산

한축 방향으로 60도라고 가정할 때 1/cos3(60°)=8이라는 값을 얻을 수 있다. 그러므로 중심 휘도 대비 60도 부근 휘도 값이 8배가 되어야 하지만 가로등은 각 거리마다 일정한 간격으로 등기구가 위치하므로 등기구에서 60도 거리의 위치에서 양쪽 두 개의 등기구가 발산하는 빛의 영향을 받는다. 그러므로 절반값인 4배가 필요하다.

(2) 렌즈 설계

1) **Insert Lens Element창을 클릭 후 설정값 입력 후 렌즈 생성**

- Thickness: 8 mm
- Units: Radius

- Material: Plastic Polycarb
- Surface 1 Radius: 0 mm
- Surface 2 Radius: -6 mm
- Aperture: Semi-Diameter 10 mm
- First Surface Center: X 0 Y 0 Z 0.5 mm

LED 보안등기구에서 생성한 LED를 삽입 후 Simulation을 진행하면 삽입된 렌즈는 축대칭 원형타입의 렌즈이므로 광도 분포도가 원형이 된다.(LED의 위치는 Mold 상면 Z값이 0이 되도록 위치시킨다. LED와 렌즈의 거리 0.5 mm.)

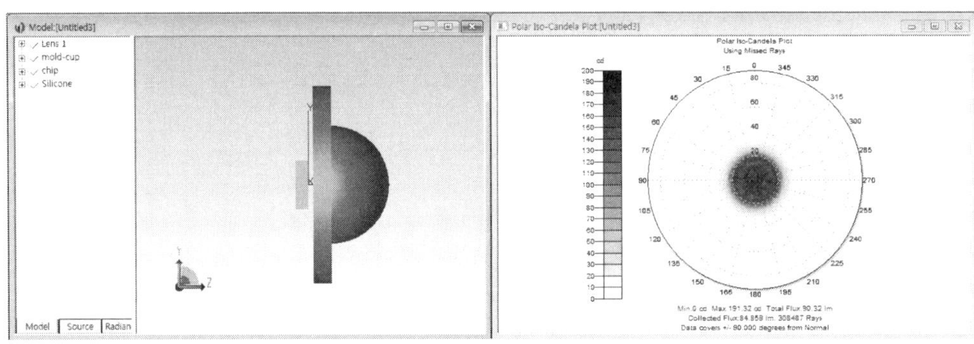

그림 2.39 렌즈 광 분포도

2) 렌즈 형태를 변경하여 빛의 분포도 수정

① 1)항에서 생성된 렌즈의 절반을 제거

- Insert Primitive Solids창에서 Block(x 100 mm, Y 100 mm, Z 100 mm) 생성 후 -Y 축으로 50 mm, +Y축으로 50 mm씩 이동 및 Copy한다.

② 생성된 렌즈에서 copy기능을 사용해 동일한 위치에 동일한 렌즈를 삽입 후 각각의 Block을 빼준다.

③ Sweep기능을 이용해 Surface0면을 5 mm씩 늘린다.(두개의 렌즈 모두 적용)

④ Move기능을 이용해 각각의 렌즈를 늘린 길이만큼 이동 후 Unite기능을 이용해 하나의 렌즈로 만든다.

* ①~④항의 절차는 LED 보안등기구와 동일하다.

Simulation을 통해 빛의 분포도 변화를 확인한다.

⑤ 결과값 검토

- 가로방향 Peak 각도(1/2θ): 43도
- 중심광도 대비 Peak 광도 비율: 1.23배

빛의 분포도는 Y축으로 일자 형태를 나타내나 가로방향 각도 및 Peak 광도 비율이 (1)항에서 계산된 값과 차이가 많다. 그러므로 하측면에 곡률을 변화시켜 발산각도 및 Peak 광도 비율을 변화시켜야 한다.

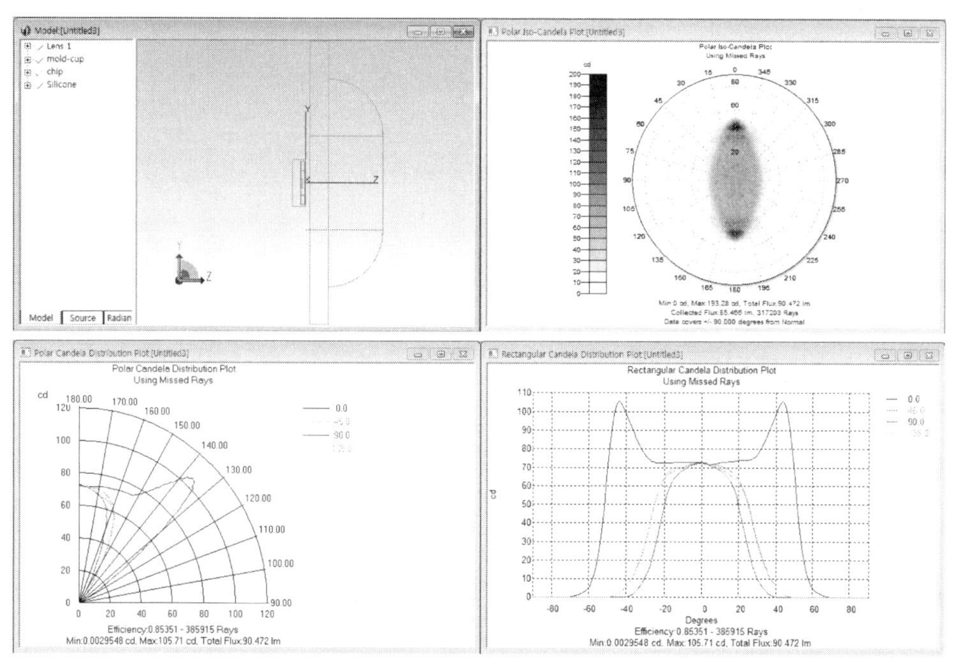

그림 2.40 1차 수정렌즈 결과값

⑥ 하측면에 Torus를 삽입한 후 Subtract기능을 이용해서 제거한다.

- Radius: Major- 8 mm, Minor- 4 mm
- Center Position: X 0, Y 0, Z -8.5 mm
- Rotation: X 90, Y 0, Z 0

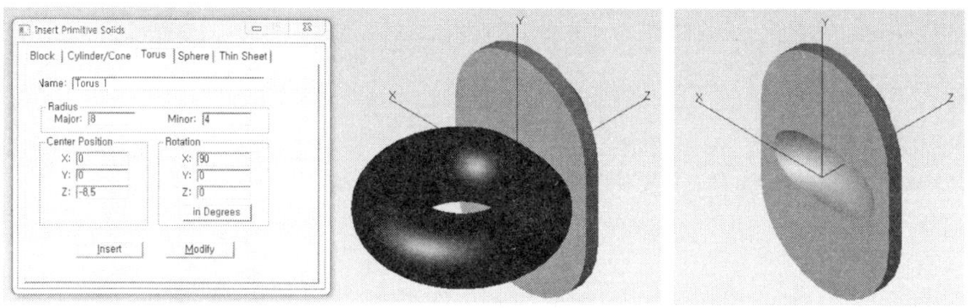

그림 2.41 하측면 곡률 설정

* Torus의 기능은 렌즈 하측에서 X축과 Y축의 곡률을 각각 다른 값으로 변화시켜 빛의 분포도를 좀 더 넓게 만들고 중심 광도값과 Peak값의 비율을 더 크기 하기 위함이다.
다른 도로조건을 만족하기 위해서는 Radius값이 달라져야 한다.

⑦ Simulation을 통해 빛의 분포도 변화를 확인한다.

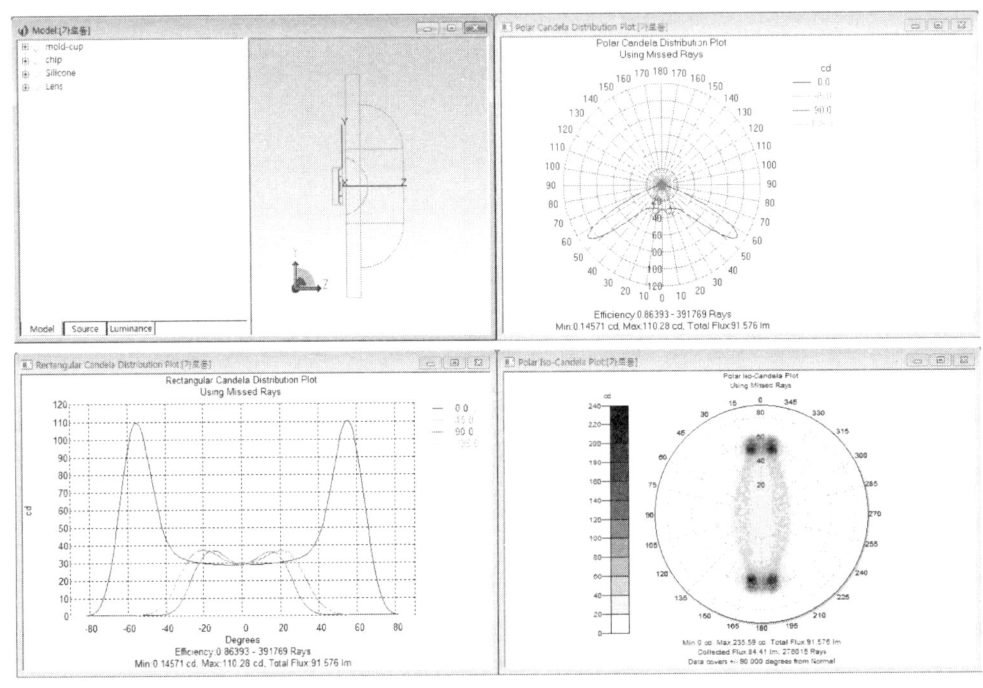

그림 2.42 최종 Lens 설계 Simulation

3) 검토결과

- Beam Angle(△θ): X Axis-56 °, Y Axis-130 °
- 중심광도(0도에서의 candela값): 29 cd
- Peak 각도: 110 °
- 중심광도 대비 Peek값 비율: 3.8배
- Total Flux: 91 lm(표면반사로 인한 약 9 %의 Loss 발생)

2-3-3. 기구물 설계

(1)방열판 설계

1) LED 및 렌즈가 위치하는 면의 Size를 대략 400 mm X 300 mm로 규정하며 방열판의 설계는 LED 보안등 등기구 설계시와 유사하며 이번 LED 가로등 등기구에서는 방열판 형태를 직사각형에서 R값을 갖는 형태로 구성해 본다.(방열판 설계부분은 사용자의 설계방법에 따라 여러 형태가 될 수 있으며 하기 설계방법에서 Tool 사용방법 위주로 참고할 것)

① 새 창에서 Insert Primitive창에서 Block을 생성한다.

- Width: X 450 mm, Y 350 mm, Z 10 mm
- Center Position: X 0, Y 0 Z -2 mm

② 기구물의 앞쪽 모서리를 Round 형태로 제작(R 100)

②-1 2개의 Cylinder 삽입 후 Unite기능으로 합친다.

표 2.20 Cylinder 좌표

		Cylinder 1	Cylinder 2
Base Major R		100	
Top Length		200(임의지정)	
Base Position	X	125	-75
	Y	125	75
	Z	-100	-100

②-2 2개의 Block 삽입 후 Unite기능으로 합친다.

표 2.21 Block 좌표

		Block 1	Block 2
Width	X	100	100
	Y	350	150
	Z	10	10
Center Position	X	175	
	Y	0	
	Z	-2	

②-3 ②-2항에서 생성한 Block에서 ②-1에서 생성한 Cylinder를 Subtract기능을 사용해 빼준다.

②-4 ①항에서 생성한 Block에서 ②-3항 모서리부분을 빼준다.

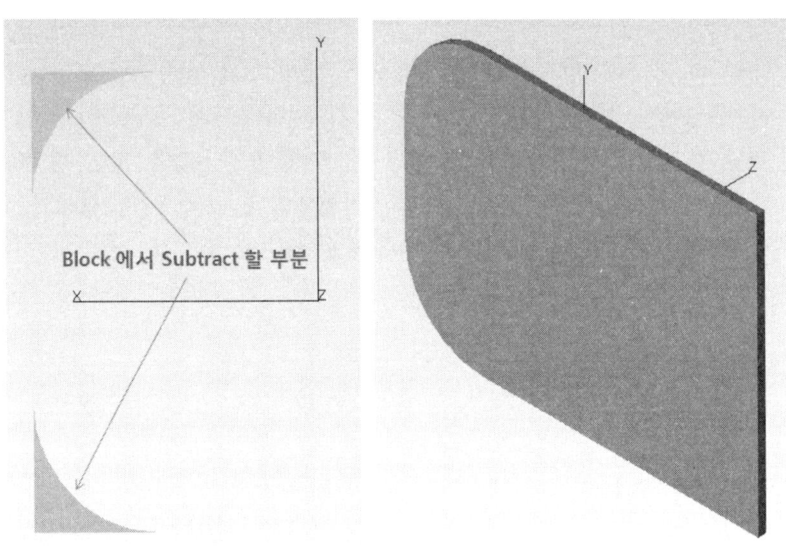

그림 2.43 방열판 상측 모서리 제거

③ LED 및 Lens, PCB가 위치할 공간을 확보하기 위해 Block 생성 후 Subtract 기능을 이용해 공간을 확보한다.

- Width: X 380 mm, Y 3000 mm, Z 3 mm
- Center Position: X -20, Y 0, Z 1.5 mm

④ 완성된 방열판의 하측에 방열날개를 생성한다.

④-1 방열날개의 중심축(block) 삽입

- Width: X 450, Y 3, Z 90
- Center Position: X 0 Y 0 Z -52

④-2 옆날개 삽입

- Width: X 450, Y 20, Z 3
- Center Position: X 0, Y 0, Z -7

④-3 ④-2항에서 생성한 옆 날개를 -Z축으로 10 mm 간격으로 9회 Copy한 후 Unite기능으로 합쳐준다.

④-4 ±Y축으로 30 mm 간격씩 5회 Copy 한다.

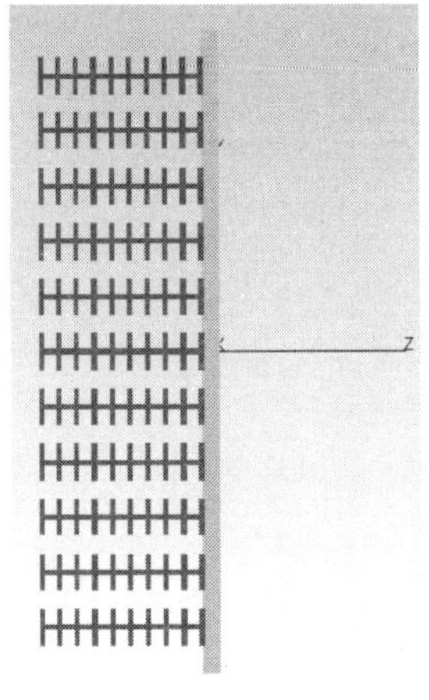

그림 2.44 방열날개 삽입

④-5 위의 그림에서 필요 없는 면을 제거하기 위해 ②-3항에서 생성한 모서리를 삽입한다.

④-6 Sweep기능을 이용해서 Block을 확장(-Z축으로 방열판 높이보다 크게 확장)한 후 Subtract기능을 이용해 제거한다.

④-7 방열판의 하측면에 곡선처리를 위해 원하는 곡률형태의 Cylinder를 삽입한다.(곡선부분의 R값은 250으로 임의 지정하였다.)

표 2.22 Subtract용 Cylinder 좌표

		Cylinder 1	Cylinder 2
Base Major R		500	250
Top Length		500(방열판보다 크게 임의지정)	
Base Rotation		Y 90	
Base Position	X	-250	-250
	Y	0	0
	Z	143	143

④-8 Subtract기능을 사용해 제거하고자 하는 면의 곡선 Block을 만든다. (Cylinder1에서 Cylinder2를 빼준다.)

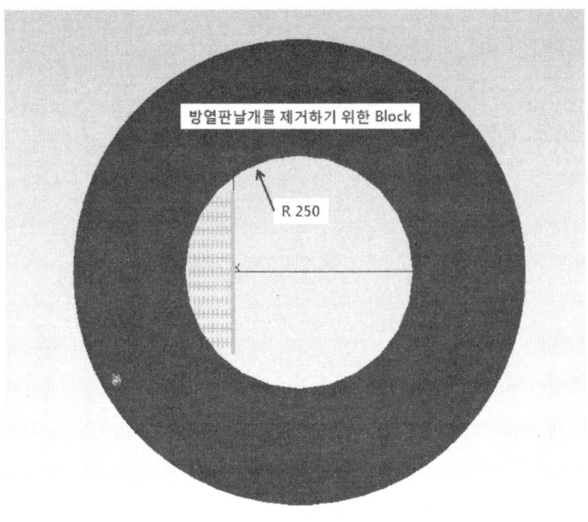

그림 2.45 곡률 Solid 생성

④-9 방열판 날개를 ④-8항에서 제작한 Block으로 Subtract한다.

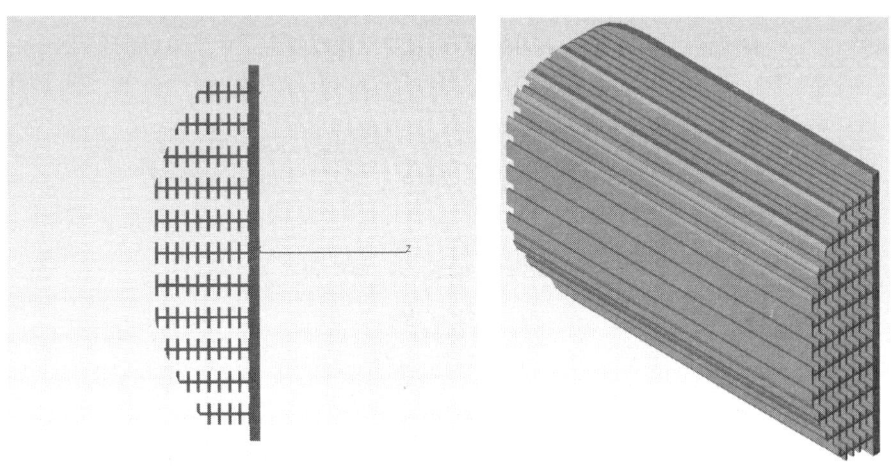

그림 2.46 방열판 최종 Model

2-3-4 LED 수량 결정 및 Array

(1). LED Array

LED는 LED 보안등에서 설계한 LED를 삽입한다.

정격전력이 80 W이므로 LED당 1 W의 전력이 소비된다고 할 때 총 80 ea의 수량이 필요하며 배열은 10X8 배열로 지정한다.

① 새 창에서 LED 보안등에서 사용한 LED를 삽입 시킨 후 Ray 수량을 Setting한다. LED Chip의 수량이 80 ea가 되므로 각각의 LED에 대한 Ray 개수를 적당히 줄여 Simulation 시 시간에 대한 Loss, memory 부족에 대한 에러가 없도록 Array 전에 조절한다.
- Ray 수량: 3000 ea

② LED를 하기 Setting값으로 배열한다.
- X축: 간격- 34 mm, LED 수량- 10 ea
5번째와 6번째 LED 간격의 중심을 중앙이 되도록 Copy와 Move기능을 적절히 사용하여 배열한다.
- Y축: 간격- 33 mm, LED 수량- 8 ea
4번째 LED와 5번째 LED 간격의 중심을 중앙이 배열중심이 되도록 한다.
- Z축: 0 mm(LED PKG의 바닥면과 방열판의 상측면이 닫는 지점위치)

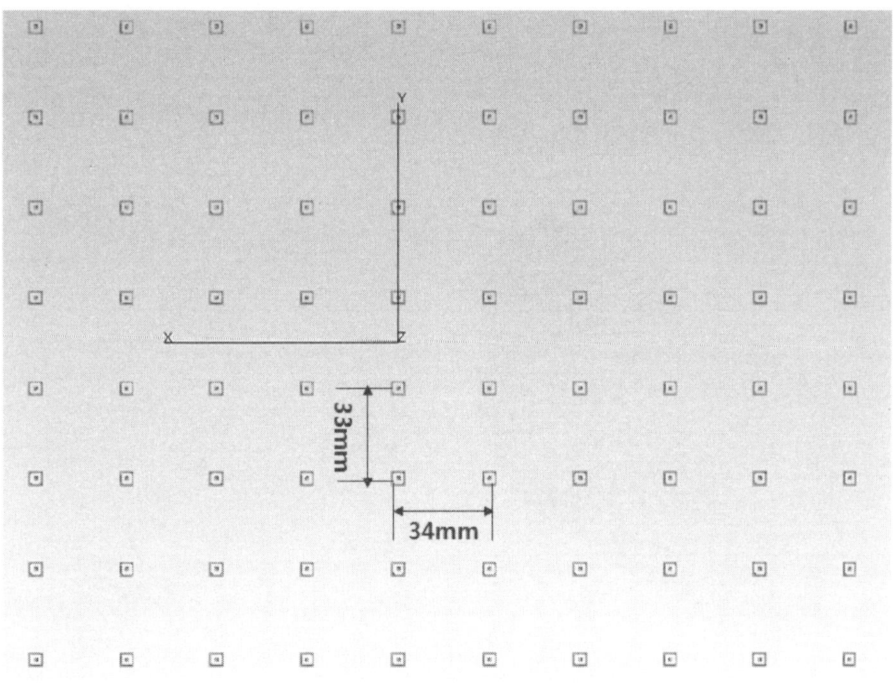

그림 2.47 LED 배열

(2). 렌즈 Array

① 렌즈도 마찬가지로 (1)항에서 이동한 간격과 동일하게 이동시킨다.

② 이동한 렌즈를 모두 클릭한 후 Unite기능을 사용해 1개의 Solid로 합친다.

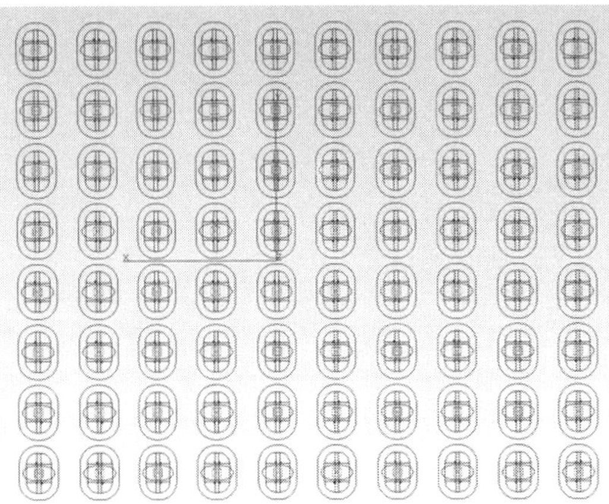

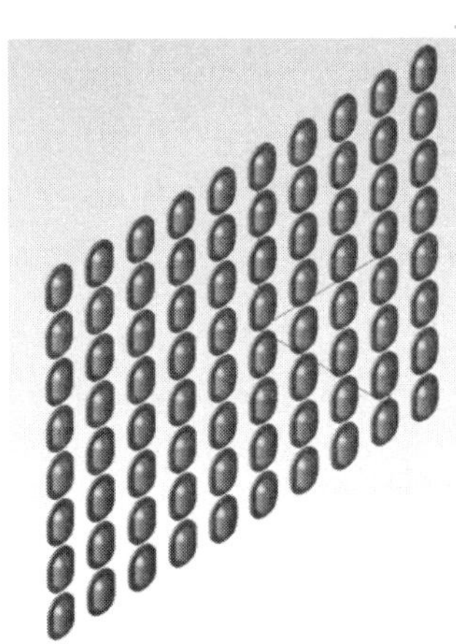

그림 2.48 렌즈 배열

(3) 방열판 삽입

1-4-3항에서 설계한 방열판을 삽입한다.

- 기준면: 방열판의 상측면(Z축 위치 0 mm)

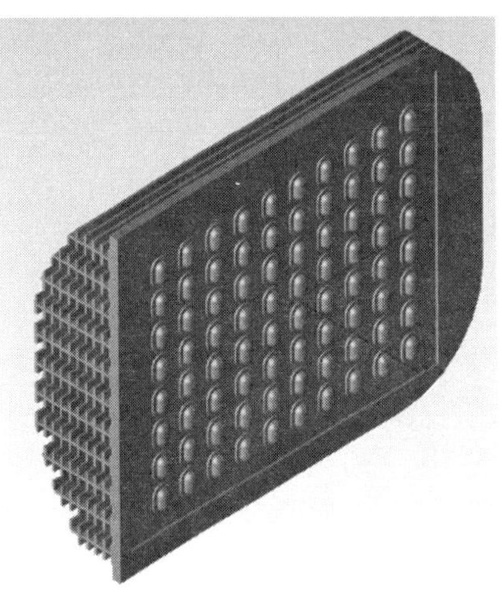

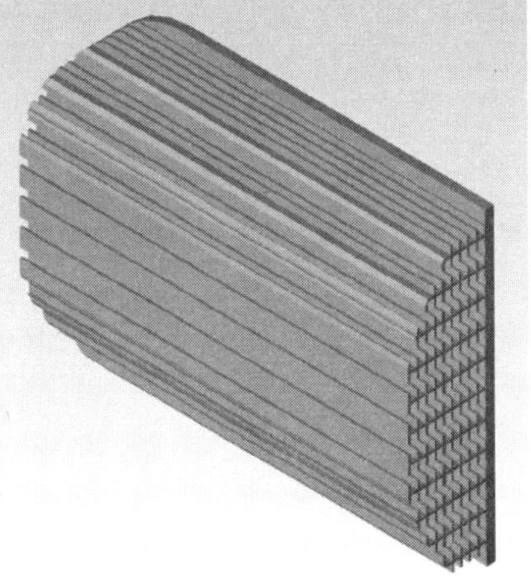

그림 2.49 방열판 결합

2-3-5. Simulation을 통한 특성 분석

(1). Simulation 진행 및 결과 분석

Trace Ray 아이콘을 클릭하여 Simulation 완료 후 상단의 Polar Candela Distribution Plot창, Rectangular Candela Distribution Plot창, Polar Iso-Candela Plot창을 클릭하여 Candela 분포 결과값을 검토한다.

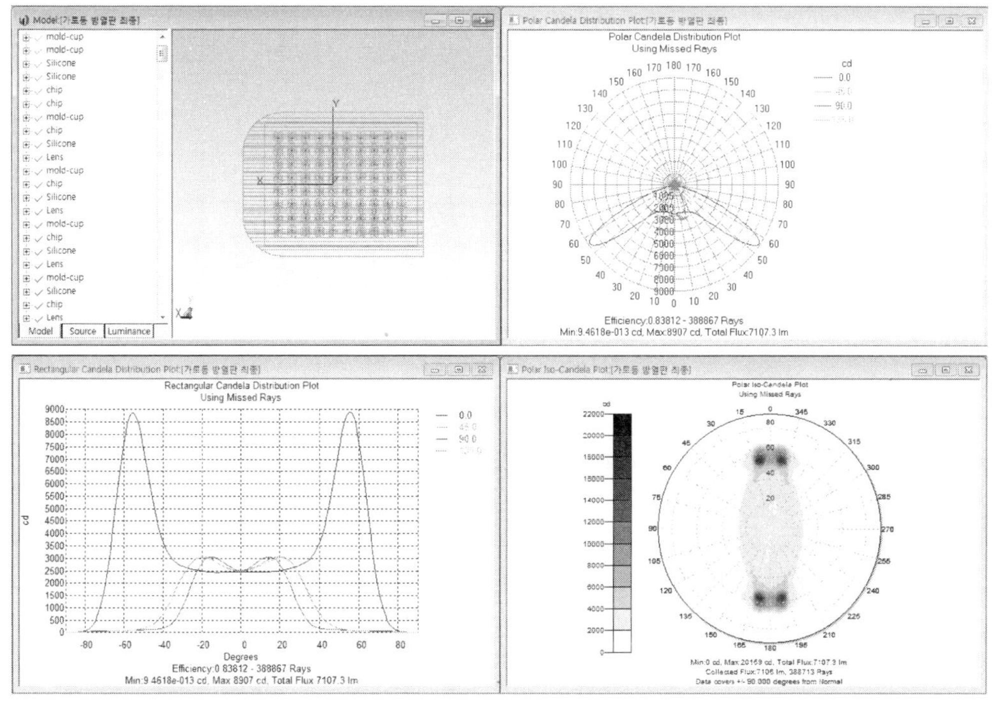

그림 2.50 Simulation 결과값

- Beam Angle(△θ): X Axis-56 °, Y Axis-130 °
- 중심광도(0도에서의 candela 값): 2500 cd
- Peak 각도: 110 °
- 중심광도 대비 Peek 값 비율: 3.6배
- Total Flux: 7107 lm
- 광효율: 88 lm/W(회로부분에서 발생하는 Loss는 제외한 값임)
- 소비전력: 80 W

(2) TXT File 분석

TracePro Release: 6 0 4
Rectangular Candela Distribution Data for D:₩Data for Missed Rays
Data generated at 14:26:17 May 12, 2010

수평측 각도

	0.0	45.0	90.0	135.0	180.0	225.0	270.0	315.0
0.000	2468.12	2500.02	2509.44	2482.71	2468.12	2500.02	2509.44	2482.71
5.000	2457.38	2578.23	2643.43	2552.84	2463.47	2561.08	2628.99	2541.42
10.000	2455.75	2763.9	2922.34	2710.41	2444.13	2734.55	2889.89	2720.91
15.000	2467.67	2968.9	3058.65	2886.41	2448.12	2935.31	3051.59	2953.74
20.000	2502.32	3070.48	2803.4	2993.27	2492.19	3035.03	2843.33	3082.48
25.000	2593.62	2872.3	1922.09	2840.4	2572.55	2827.63	1975.6	2875.43
30.000	2722	2297.25	981.847	2314.98	2685.79	2255.54	1016.35	2293.57
35.000	2975.92	1483.61	383.954	1525.38	2955.39	1458.42	398.784	1485.28
40.000	3635.03	770.916	176.876	803.216	3647.46	763.125	180.785	776.456
45.000	5146.22	351.649	136.571	368.232	5158.76	354.98	135.562	359.092
50.000	7422.46	170.083	119.221	178.042	7392.1	176.92	118.007	178.536
55.000	8886.53	102.896	96.8234	105.95	8837.78	108.165	98.7753	111.019
60.000	7830.54	75.1771	81.7056	75.623	7807.36	78.9707	85.6313	82.814
65.000	4811.65	60.979	79.9018	60.3732	4805.93	64.1603	82.7799	67.7251
70.000	1665.66	49.0253	79.6623	50.5148	1662	52.7065	80.1066	54.8935
75.000	405.313	36.9386	67.9362	40.8824	402.354	41.4022	66.7509	41.3641
80.000	70.0496	24.4134	46.4471	27.7126	66.6518	27.7731	44.8034	26.1008
85.000	15.6274	13.5829	25.2359	15.4185	13.256	15.6957	23.7309	13.8476
90.000	5.99113	5.99583	10.8709	6.89475	5.78466	7.27365	9.9282	6.11301

수직측 각도

(3) IES File 분석

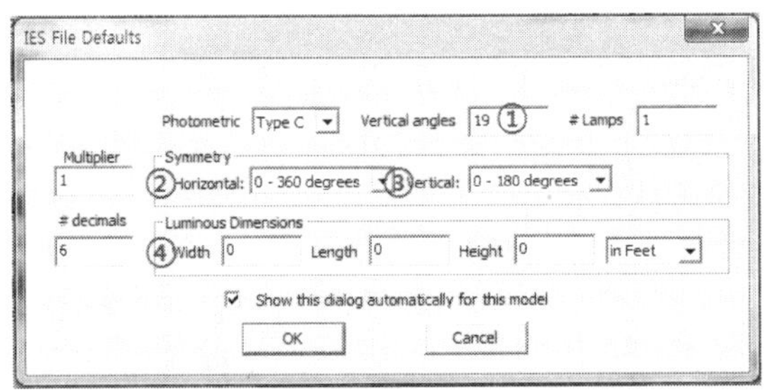

```
IESNA:LM-63-2002
[TEST]Generated by TracePro Release: 6 0 4
[MORE]D:₩업무내용₩tracepro manual₩mr16₩가로등 렌즈 설계-1.oml
TILT=NONE
                    ①
1 8480,000000 1,000000 19 9 1 1 0,000000 0,000000 0,000000 ④
1 1 1
③ 0,00 10,00 20,00 30,00 40,00 50,00 60,00 70,00 80,00 90,00 100,00 110,00 120,00
130,00 140,00 150,00 160,00 170,00 180,00
② 0,00 45,00 90,00 135,00 180,00 225,00 270,00 315,00 360,00
2490,073956 2455,747923 2502,321303 2722,001765 3635,026249 7422,458593
7830,542483 1665,656881 70,049604 5,991126 0,837355 0,024950 0,000035
0,000000 0,000000 0,000000 0,000000 0,000000 0,000000
2490,073956 2763,902270 3070,483298 2297,249818 770,916085 170,082574
75,177141 49,025295 24,413367 5,995825 0,464270 0,005694 0,000003 0,000000
0,000000 0,000000 0,000000 0,000000 0,000000
2490,073956 2922,336311 2803,402932 981,847294 176,876197 119,221041
81,705566 79,662325 46,447072 10,870936 0,645492 0,003902 0,000001 0,000000
0,000000 0,000000 0,000000 0,000000 0,000000
2490,073956 2710,405850 2993,265986 2314,982945 803,215664 178,041577
75,623035 50,514758 27,712618 6,894746 0,460089 0,003588 0,000001 0,000000
0,000000 0,000000 0,000000 0,000000 0,000000
2490,073956 2444,126265 2492,188786 2685,792166 3647,455055 7392,101777
7807,362682 1661,995569 66,651762 5,784655 1,057600 0,023520 0,000020
0,000000 0,000000 0,000000 0,000000 0,000000 0,000000
2490,073956 2734,550683 3035,028564 2255,537811 763,124879 176,919606
78,970748 52,706457 27,773126 7,273647 0,527971 0,004727 0,000002 0,000000
0,000000 0,000000 0,000000 0,000000 0,000000
2490,073956 2889,893562 2843,325902 1016,351483 180,785276 118,006648
85,631291 80,106614 44,803415 9,928201 0,688059 0,007880 0,000005 0,000000
0,000000 0,000000 0,000000 0,000000 0,000000
2490,073956 2720,914368 3082,483347 2293,569432 776,456343 178,536266
82,813978 54,893453 26,100771 6,113010 0,413917 0,003179 0,000001 0,000000
0,000000 0,000000 0,000000 0,000000 0,000000
2490,073956 2455,747923 2502,321303 2722,001765 3635,026249 7422,458593
7830,542483 1665,656881 70,049604 5,991126 0,837355 0,024950 0,000035
0,000000 0,000000 0,000000 0,000000 0,000000 0,000000
```

(4) Relux를 통한 조도값 및 분포도 분석

가로등은 도로조건을 만족해야하므로 반드시 조도값 및 분포도의 특성을 파악해야 한다. 그러므로 (3)항에서 생성한 IES파일을 Relux Program에서 실행시켜 도로조건에 만족하는지를 확인하는 절차가 필요하다.

본 교재에서 Relux를 통한 도로조건 Setting 및 분석방법을 간단히 설명한다.

1) Relux 실행 후 첫 화면에서 3번째 Road Project창을 클릭한다.

2) Luminaire Selection창이 나타나고 Individual luminaire에서 Source File을

Add 한다.(반드시 Add 아이콘을 클릭해야 Source File이 삽입이 된다.)

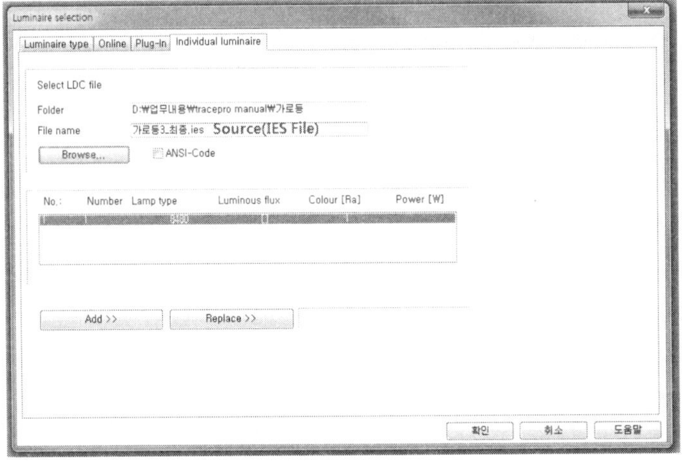

그림 2.51 Source file attach.

3) **다시 Luminaire Type창을 클릭하면 좌측에 등기구 아이콘이 생성된 것을 확인할 수 있으며 등기구 아이콘을 클릭 후 Modify Type을 눌러 등기구 설정값을 Setting한다.**

① Luminaire Dimensions(등기구 및 발광면적을 Setting하는 창으로 가로등의 크기를 450X350X100으로 지정한다.)

- Length/Diameter: 500 mm
- Luminous length: 500 mm
- Width: 300 mm
- Luminous width: 300 mm
- Height 100 mm

② Number: 1(등기구의 수량)

③ Lamp Power: 80 W

④ Luminous flux of one lamp: 8480 lm(램프의 총 광속값으로 Simulation 시 Setting한 값이 그대로 반영되므로 정하지 않아도 된다.)

⑤ Installed power: 80 W

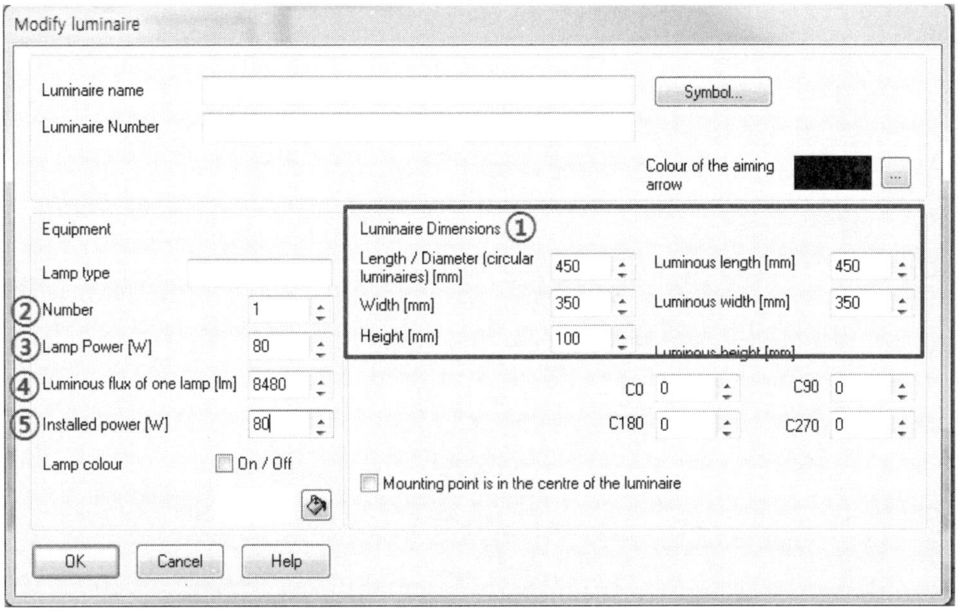

그림 2.52 등기구 조건 설정

4) **확인을 누르면 Calculation Exterior lighting 설정창이 활성화되며 가로등 설계 시 목표 Spec.값을 입력한다. KS기준에서 고정값 항목이 있으므로 반드시 확인해야 한다.**

① Road layout(도로 차선의 형태를 결정하는 창): 목표 spec.이 2차선 한쪽배열이므로 Road without central reservation을 선택

② Road Width(차선의 폭을 결정): 1차선 간격이 3.5 mm이고 Spec.이 2차선이므로 7 m를 Setting한다.

③ No. of lanes(차선의 수량을 결정): 2차선

④ Road surface category(포장도로 등급을 결정): R2

⑤ q0(휘도계수): 0.07(도로표면의 특성을 나타내는 계수로 R2 결정 시 자동으로 변환되므로 따로 지정할 필요는 없다.)
*R2의 표면특성은 표2.16 참고할 것

⑥ Row of luminaires(등기구의 배열방법 결정): Right row(오른쪽 한쪽배열)

⑦ Distance between luminaires(등기구간의 간격 설정): 30 m

⑧ photometric centre height(등기구의 설치높이): 10 m

⑨ Outreach(등기구로부터 Arm 길이 결정): 2m(KS기준에서 등기구 Arm 길이를 2 m로 지정)

⑩ Inclination(등기구 Tilt 각도): 5도(등기구를 Tilt하거나 또는 Arm을 꺾어 광원의 기울기를 나타내는 값으로서 임의로 5도 설정함)

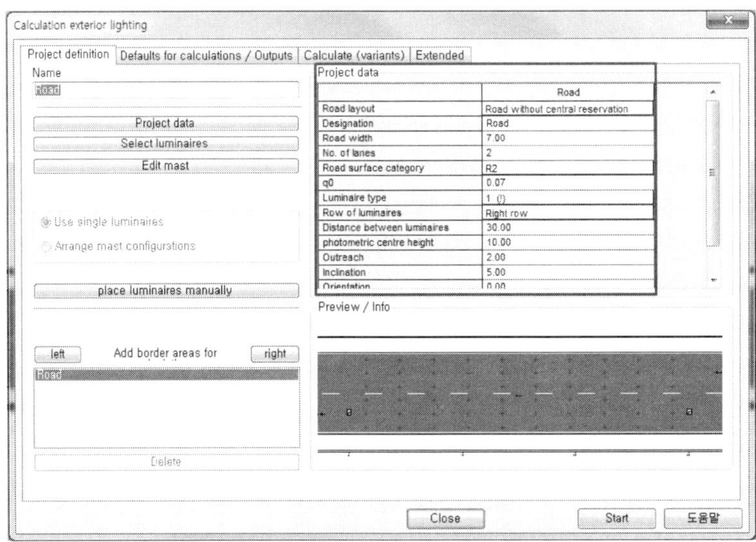

그림 2.53 도로조건 설정

5) Defaults for calculations를 **활성화 시킨 후 설정 값을 입력한다.**

① Reduction factor(보정계수): 0.75(KS기준에서 확정된 값이므로 변경해서는 안된다.)

② Evaluation classes(도로등급조건): ME2(임의설정)

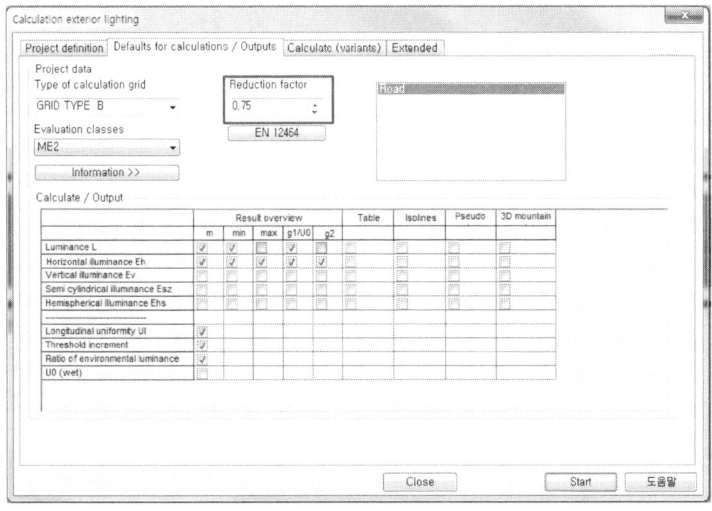

그림 2.54 Reduction Factor 설정

6) Start버튼을 눌러 Simulation 진행 후 결과값을 검토

① 휘도 기준 결과값

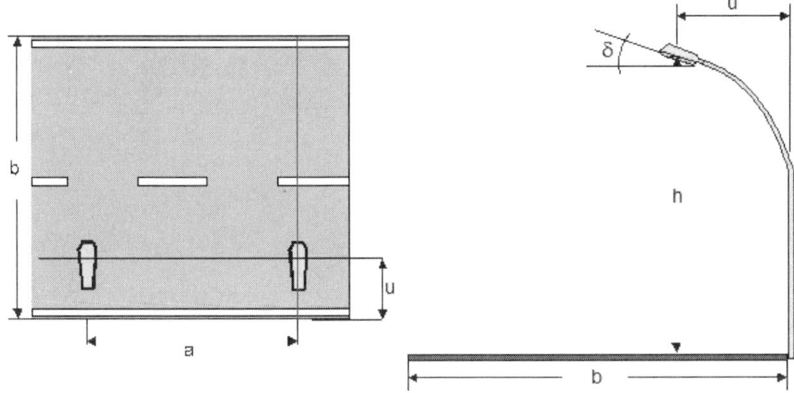

Luminaire data

Manufacturer	:
Order No.	: !
Luminaire name	:
Equipment	: 1 x 80 W / 8480 lm

Road layout	: without central reservation	Luminaire placing		: Right row
Width of roadway	(b) : 7.00 m	photometric centre height.	(h)	: 10.00 m
No. of lanes	: 2	Luminaire spacing	(a)	: 30.00 m
Road surface category	: R2	Luminaires - outreach	(u)	: 2.00 m
q0	: 0.07	Inclination	(δ)	: 5.00?
Right hand drivers		Reduction factor		: 0.75

Luminance

Observer location 1	: x=-60.00m, y=1.75m, z=1.50m	
Average	: 1.2 cd/m²	(ME2 min. 1.5)
Minimum	: 0.48 cd/m²	
U0 (min/average)	: 0.4	(ME2 min. 0.4)
Observer location 2	: x=90.00m, y=5.25m, z=1.50m	
Average	: 1.22 cd/m²	(ME2 min. 1.5)
Minimum	: 0.5 cd/m²	
U0 (min/average)	: 0.41	(ME2 min. 0.4)

← 종합균제도(휘도)

Longitudinal uniformity

Ul (B1: x = -60.00, y = 1.75, z = 1.50)	: 0.38	(ME2 min. 0.7)
Ul (B2: x = 90.00, y = 5.25, z = 1.50)	: 0.43	(ME2 min. 0.7)

← 차선축균제도(휘도)

Horizontal illuminance E

Average	: 17.1 lx
Minimum	: 7.7 lx
Maximum	: 21.3 lx
Min / average	: 0.45
Min / max	: 0.36

← 평균 노면조도

*위의 결과값은 기존 전통조명에서 휘도 기준의 결과값으로서 현재 재정된 KS규격은 조도 기준이므로 조도 결과값을 다시 산출해야 한다.

② 조도 기준 결과값

②-1 평균 노면조도 및 종합 조도균제도

②-2 1차선 조도분포도 및 차선축 조도균제도

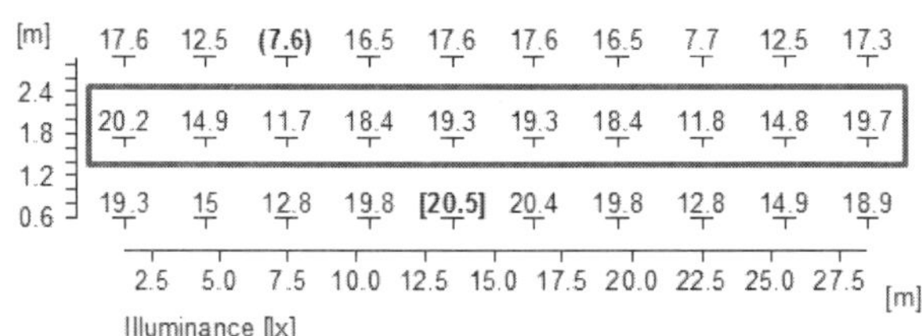

Height of the reference plane		: 0.00 m
Average illuminance	Eav	: 16.2 lx
Minimum illuminance	Emin	: 7.6 lx
Maximum illuminance	Emax	: 20.5 lx
Uniformity g1	Emin/Eav	: 1 : 2.14 (0.47)
Uniformity g2	Emin/Emax	: 1 : 2.71 (0.37)

- 차선축 조도균제도(1차선의 중심에서 최소값과 최대값의 비): 0.58

②-3 2차선 조도분포도 및 차선축 조도균제도

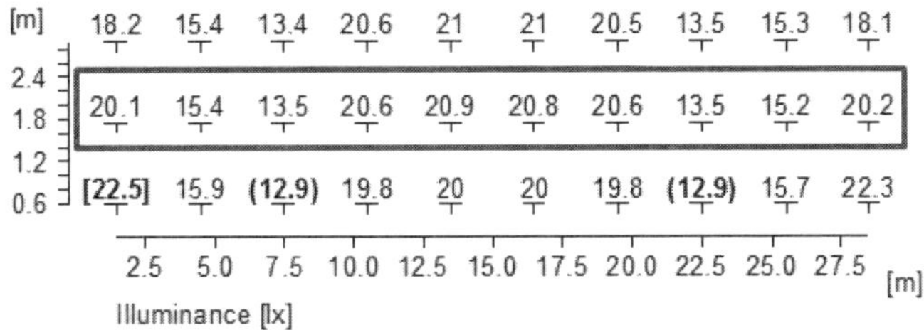

Height of the reference plane		: 0.00 m
Average illuminance	Eav	: 18 lx
Minimum illuminance	Emin	: 12.9 lx
Maximum illuminance	Emax	: 22.5 lx
Uniformity g1	Emin/Eav	: 1 : 1.39 (0.72)
Uniformity g2	Emin/Emax	: 1 : 1.74 (0.57)

- 차선축 조도균제도(2차선의 중심에서 최소값과 최대값의 비):0.65

7) 목표 Spec.대비 결과값 검토

인자	Spec.			결과값	판정
정격전력	80W			-	만족
색온도	5000K			-	만족
연색성	70			-	만족
등기구효율	65lm/W			88lm/W (회로 Loss 제외)	만족
등주 설치 높이	10m			-	만족
등주배열	한쪽배열			-	만족
도로폭	7m	2차선으로 차선당 3.5m		-	만족
등주 배열 간격	30m	2차선에서 최대간격		-	만족
차선	2차선			-	만족
포장도로 등급	M3, R2&R3	평균 노면 조도: 14lx		17.1 lx	만족
		종합조도균제도: 0.4		0.44	만족
		차선축 조도균제도: 0.5	1차선	0.58	만족
			2차선	0.65	만족
등기구 암길이	2m	암길이 고정		-	만족
등기구 각도	5도	1~5도값중 결과값이 좋은 각도 선택		5도	만족
보정계수	0.75	유지보수율 계수(고정)		-	만족

*종합적으로 목표Spec.대비 동등이상의 결과값을 얻었으며 더 높은 도로등급(M1, M2)을 만족하기 위해서는 차선축 조도균제도를 0.7이상으로 높여야 한다. 차선축 조도균제도는 칸델라 분포에 의해 결정되므로 본 Simulation의 결과값에서 칸델라 분포도를 확인한 후 개선조건을 얻을 수 있다.

제 4 장

조명설계 · 조명시뮬레이션

제1절 실내 라이트 스케이프

1. 프로그램 시작 및 데이터 입력하기

1.1. File> Import> dxf 선택하여 그림 1과 같이 기입을 한다.

: File Units는 외부프로그램에서 모델링 시에 적용한 단위를 사용한다.

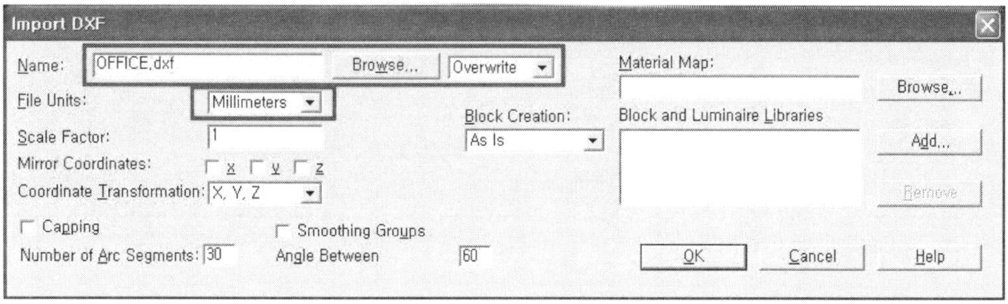

그림 1. 데이터 불러오기

☞ 입력된 개체가 15,000×12,000×4,000[mm]임을 확인하고, Yes 클릭한다.

☞ 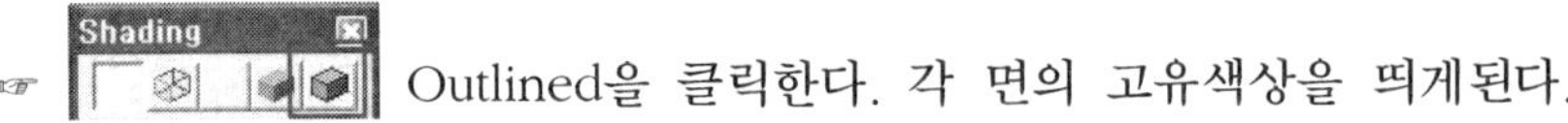

Outlined을 클릭한다. 각 면의 고유색상을 띄게된다.

1.2. (Perpective), (Select), (Surfec)를 클릭하고 임의의 면을 클릭하고, 영문키 "O"(, Orbit)를 누른 상태로 마우스 좌측버튼을 누른 채 마우스를 움직여 본다.

: 모델의 형태 및 색상을 관찰할 수 있다.

☞ (View Extents)를 클릭하여 전체보기를 한다.

1.3. File> Properties를 선택하여 "Document Properties"박스를 불러 들인다.

1.4. 그림 2와 같이 "Color"탭으로 이동한다.

: 작업화면 상의 바탕화면, 선 및 메쉬 색상을 설정한다.

1.5. 그림 2의 3번의 슬라이드 바를 이동시켜서 색상을 설정하고, 그 설정된 색상은 2번 창에 그대로 나타나게 되며, 화살표를 클릭하여 원하는 항목으로 이동시켜서 바탕화면, 선 및 메쉬의 색상을 변경한다.

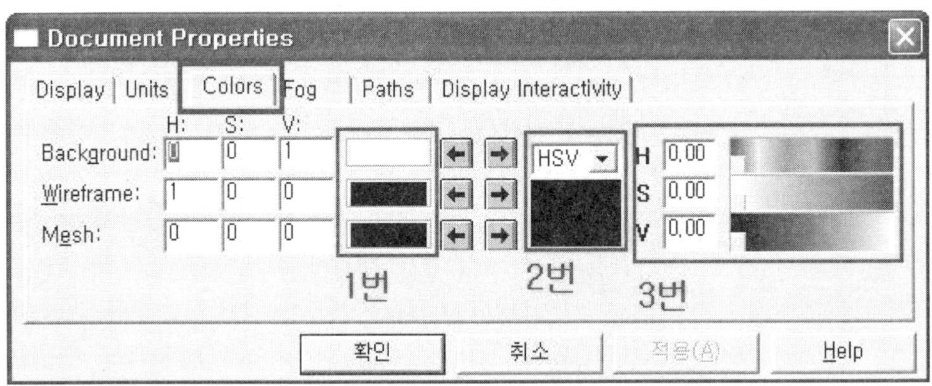

그림 2. Document Properties"

☞ 작업시에 확인하기 용이하도록, 그림 2와 같이 바탕화면은 백색, 선 및 메쉬는 검정색으로 설정한다.

2. Orientation

2.1. , 를 클릭하고 임의의 면을 클릭하고, 마우스 우측버튼을 클릭하여 "Orientation"을 선택한다.

: 기능을 사용하여 모델의 형태 및 색상을 관찰한다.

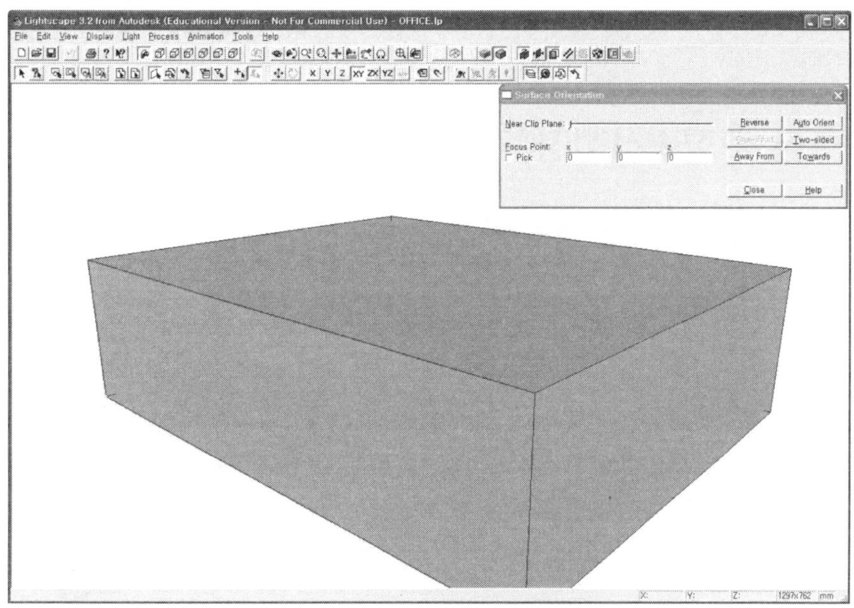

그림 3. Orientation

: Lightscape는 표면에 대하여 인식하는 면과 인식하지 않는 면으로 구분한다. 인식하는 면은 표면의 색상을 표현하고, 인식하지 않는 면은 연두색으로 표현하거나, 아예 표현하지 않는다. 모든 조명계산은 인식하는 면에서 이루어지므로, 조명계산이 필요한 부분의 면은 모두 인식하는 면으로 변경시켜야한다.

: 모델링 시에 가급적이면 연두색 계열의 색상은 피하는 것이 좋다.

2.2. 연두색이 아닌 표면을 선택하여 Orientation 박스에서 "Reverse"를 클릭하여 모든 표면을 연두색으로 바꾼 후, Close를 클릭하여 박스를 닫는다.

: 실내 공간에 대한 작업을 할 것이므로, 내부 면을 인식하도록 한다.

2.3. 를 클릭하여 전체보기를 한 후, 기능을 이용하여 모델을 둘러본다

: 각 면의 색상이 표현된 내부면을 볼 수 있다.

2.4. , , 를 클릭하고, 파일을 저장하고 다음 단계를 준비한다.

3. 데이터 재질속성설정하기

3.1. (Query), 를 클릭한 후, 천정면을 선택한다.

: 해당 Layer와 Material로 활성화표시가 이동한다.

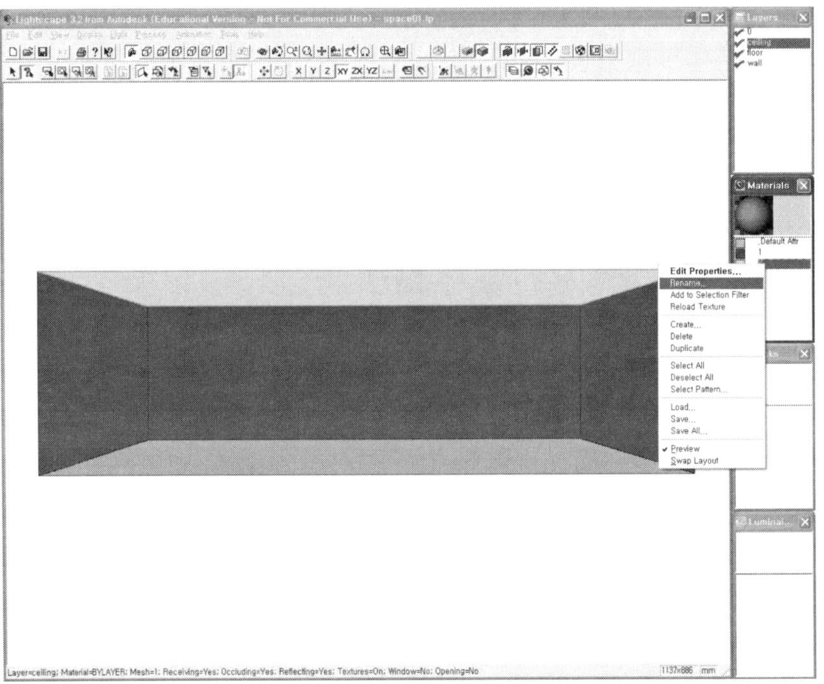

그림 4. rename

3.2. Materials table에 있는 "2"에서 마우스 우측버튼을 클릭하여 Rename을 클릭하고, Layers table에 활성된 명칭과 같은 "ceiling"으로 수정한다.(그림 4 참조)

3.3. 벽면과 바닥면에 대해서도 각각 "wall"과 "floor"로 수정한다.

3.4. Material table 에서 "ceiling"을 더블클릭한다.

: "Material Properties box"가 나타난다.

3.5. Color 탭으로 이동하여 S: 0.00, V: 0.7 로 기입하고 적용한다.

: V값의 수정되어 박스하단에 반사율 값이 0.7로 변경됐음을 확인한다.
: 그림 5와 같이 수정한다.

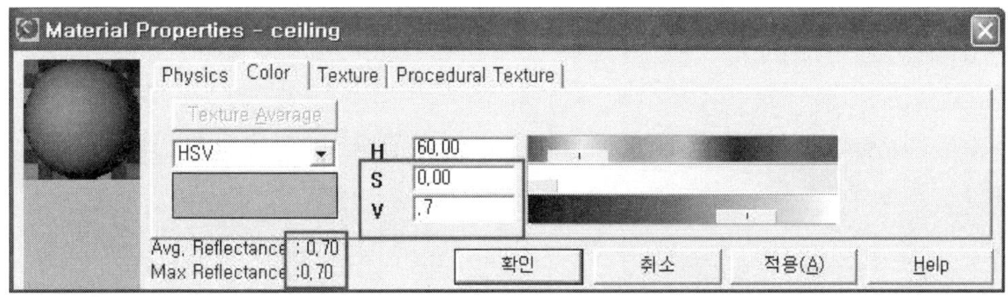

그림 5. Material Properties box

3.6. Material table 에서 "wall", "floor"에 대하여 다음과 같이 수정한다.

: "wall"는 S: 0.00, V: 0.5, "floor"는 S: 0.00, V: 0.2로 적용한다.

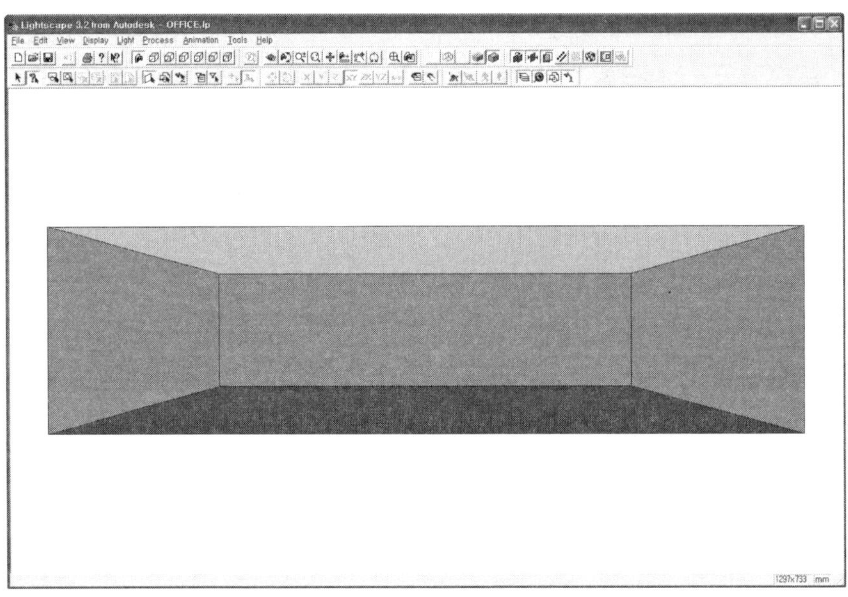

그림 6. 재질 속성 변경 후

3.7. Layers table, Materials table에서 불필요한 항목들을 삭제한다.

: 불필요한 항목을 선택하고 마우스 우측버튼을 클릭하고, "Delete"를 클릭하여 불필요한 항목을 삭제한다.

4. 블록개체 불러들이기

4.1. Blocks table에서 마우스 우측버튼을 클릭하여 "Load"를 선택한다.

4.2. "block.blk"를 더블클릭하고, 나타난 박스에서 "Plane"을 선택한다.

: 동시에 Layers table에 "plane" layer가 생성된다.

4.3. Layers table의 "plane"을 선택하고 마우스 우측버튼을 클릭하여

"make current"를 클릭하여 "plane" layer를 현재면으로 만든다.

4.4. Blocks table에서 plane 블록을 클릭한 채로 메인화면으로 드래그한다.

: , 등을 이용하여 드래그된 "plane"블록의 위치를 확인한다.

4.5. (Block)를 클릭하고, "plane" 블록을 클릭한 후, 마우스 우측버튼을 클릭하여 "Transformation"을 선택한다.

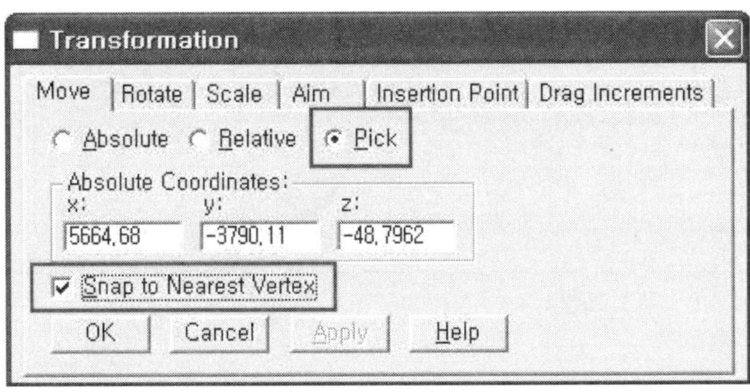

그림 7. Transformation

4.6. Move 탭으로 이동한 후, "Pick", "Snap to Nearest Vertex"를 체크한다. 그리고 모델 공간의 좌측하단 모서리를 클릭한다.

: "plane" 블록이 이동됨을 확인한다.

4.7. 그림 8과 같이 입력하여 "plane" 블록의 위치를 이동시킨다.

: 가상의 측정면으로 설치높이를 800[mm]로 이동시킨다.

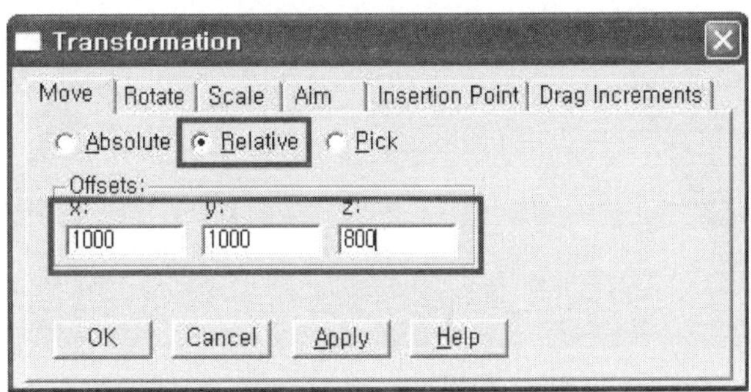

그림 8. Transformation - 상대좌표이동

☞ 그림 9과 같이 "plane" 블록의 크기를 조절한 후 OK를 클릭한다.

Transformation
Move | Rotate | Scale | Aim | Insertion Point | Drag Increments
Relative Scale Factor:
x: 13 y: 10 z: 1
OK Cancel Apply Help

그림 9. Transformation - 크기조절

☞ 그림 10과 같이 를 선택하고, "plane" 블록을 클릭한 후 마우스 우측버튼을 클릭하여 "Surface processing"을 선택하여 그림 9와 같이 설정한 후 "OK"를 클릭한다.

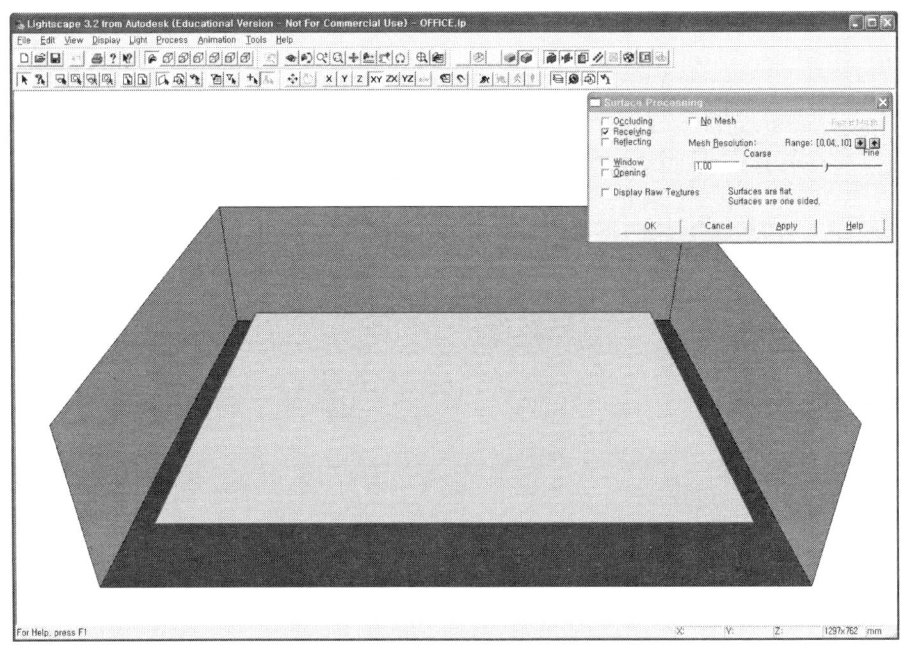

그림 10. Surface Processing

: 빛에 대한 차단, 반사를 하지 않고 오로지 빛을 받기만 하는 가상측정면을 만드는 작업이다.

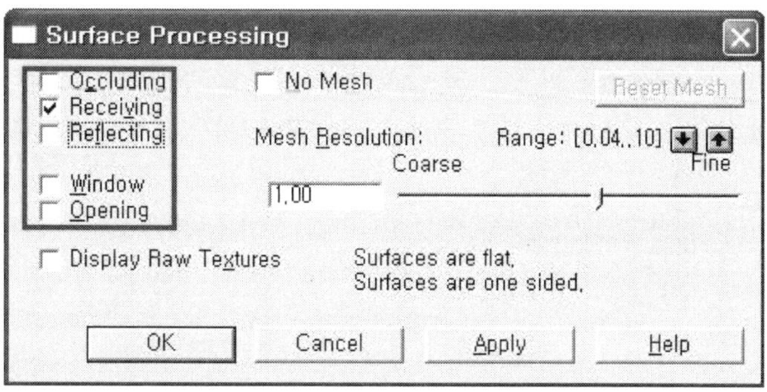

그림 11. Surface Processing box

5. 등기구개체 불러들이기

5.1. "Luminaires table"에서 마우스 우측버튼을 클릭하여 "Load"를 선택한다.

5.2. 나타난 박스에서 "luminaire.blk"를 더블클릭한다. 오류 박스(파일경로 불인식)가 뜨면 "Ignore All"을 클릭하고, "luminaire"를 선택한 후 "OK"를 클릭한다.

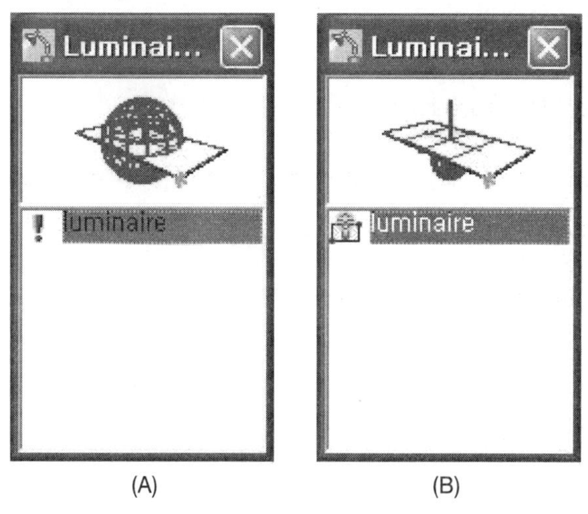

그림 12. Luminaire table의 IES file 경로 인식 전(A), 후(B)

: Luminaires table에 항목을 표시하는 아이콘이 "!(느낌표)"로 표시되어있음을 알

수 있다. 현재 IES file의 경로가 정확하게 매칭되지 않았음을 나타낸는 것이다. (그림 12(A) 참조)

: Layers table, Material table에 luminaire에 해당하는 항목이 생성된다.

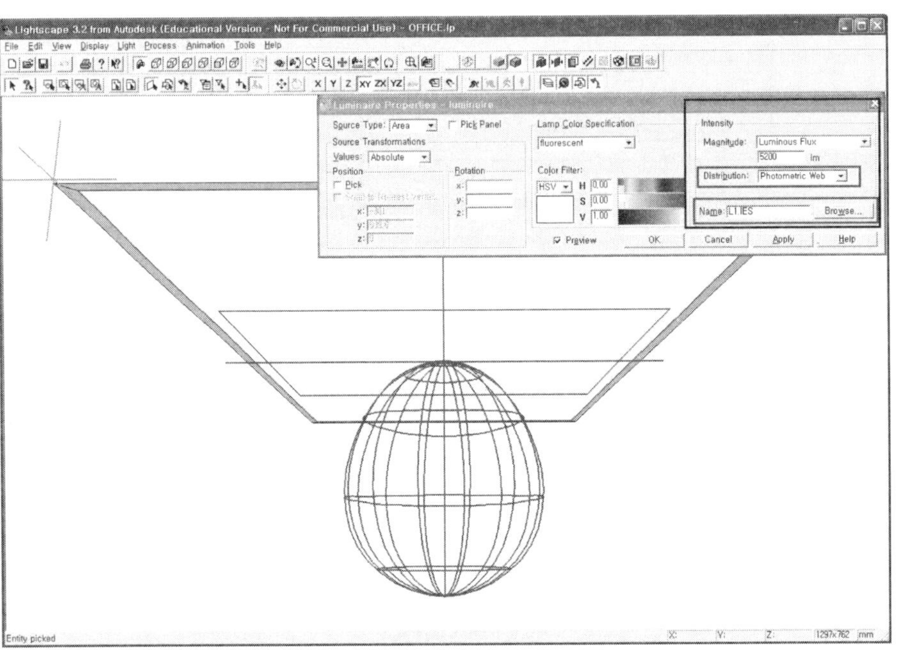

그림 13. Luminaire Properties

5.3. Layer table의 "luminaire"를 더블클릭한다.

5.4. 그림 13와 같이 우측의 "Intensity" 탭에서 "Distribution"을 "Photometric Web"을 선택하고, Browse를 사용하여 "L1.ies"를 입력하고 확인을 누른다.

: Luminaires table에 항목을 표시하는 아이콘이 변경됨을 확인할 수 있다. (그림 12(B)참조)

* Blocks table 또는 Luminaires table에서 개체를 메인화면으로 드래그하여 작업할 경우에 반드시 Layers table에서 해당되는 Layer를 "Make current"를 체크한 후 작업하도록 한다.

5.4. "Luminaires table"에서 "luminaire"를 클릭한 채로 메인화면으로 드래그한다.

: , 등을 이용하여 드래그된 "luminaire"의 위치를 확인한다.

5.5. , (Luminaire)를 선택하고, 마우스 우측버튼을 클릭하여 그림 14(A) 와 같이 설정한 후 모델의 좌측상단 모서리를 클릭한다.

: (Topview)를 선택하여 작업한다.

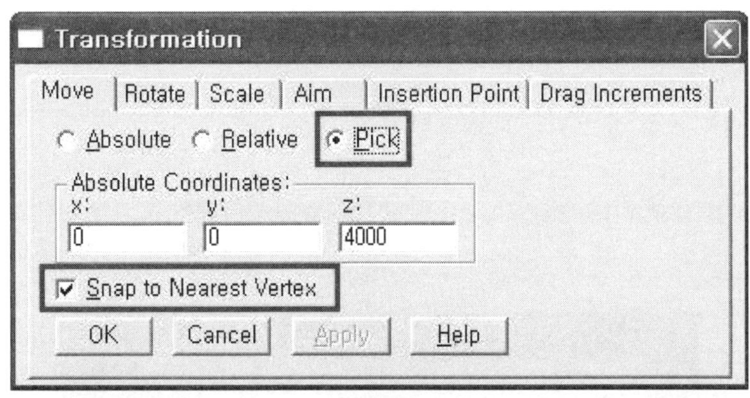

(A) Pick

(B) Relative

그림 14. Transformation:

5.6. 그림 14 (B)와 같이 설정하여 OK를 클릭한다.

5.7. 활성화된 등기구에서 마우스 우측버튼을 클릭하여 "Multiple Duplicate"를 선택하고 그림 15와 같이 설정하여 OK를 클릭한다.

Add Multiple Instances

	x:	y:	z:
Number:	5	4	1
Spacing:	2600	2600	0

OK Cancel Help

그림 15. Multiple box

: 그림 16과 같이 등기구가 배열됨을 확인할 수 있다.

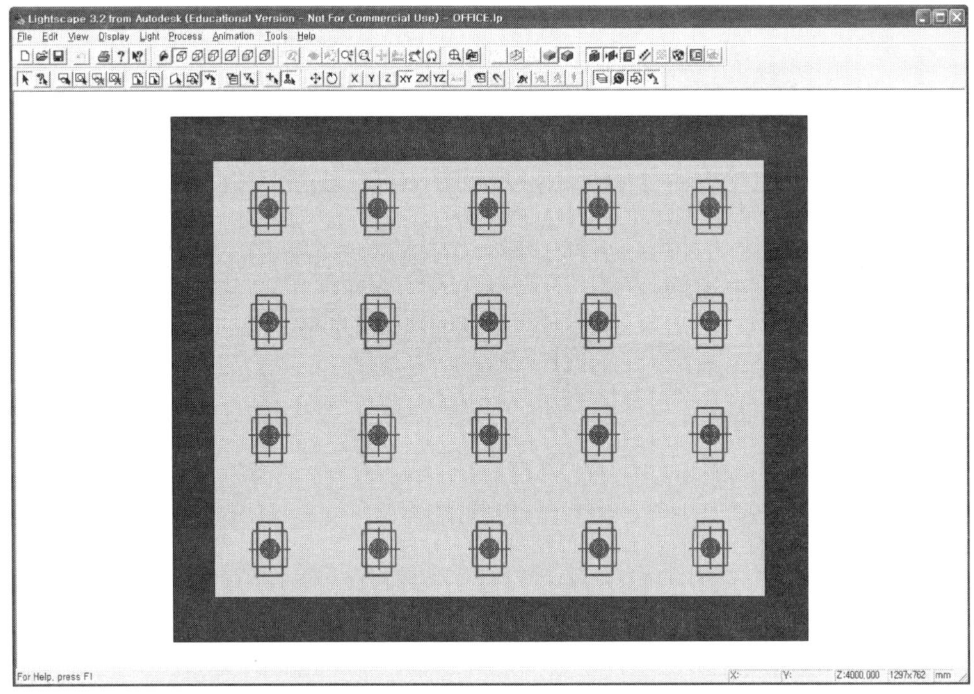

그림 16. 등기구 배치

: , 을 클릭하고 (Select All)을 클릭하고 전체 등기구배치 상황을 확인하다. 확인 후에, (Deselct All)을 클릭하고 선택되었던 등기구를 해제한다.

6. 조명계산하기

6.1. , 를 클릭하고, Solid 버튼을 클릭한다.

6.2. Process> Parameters를 선택하여 우측하단의 "Wizard"를 클릭한다.

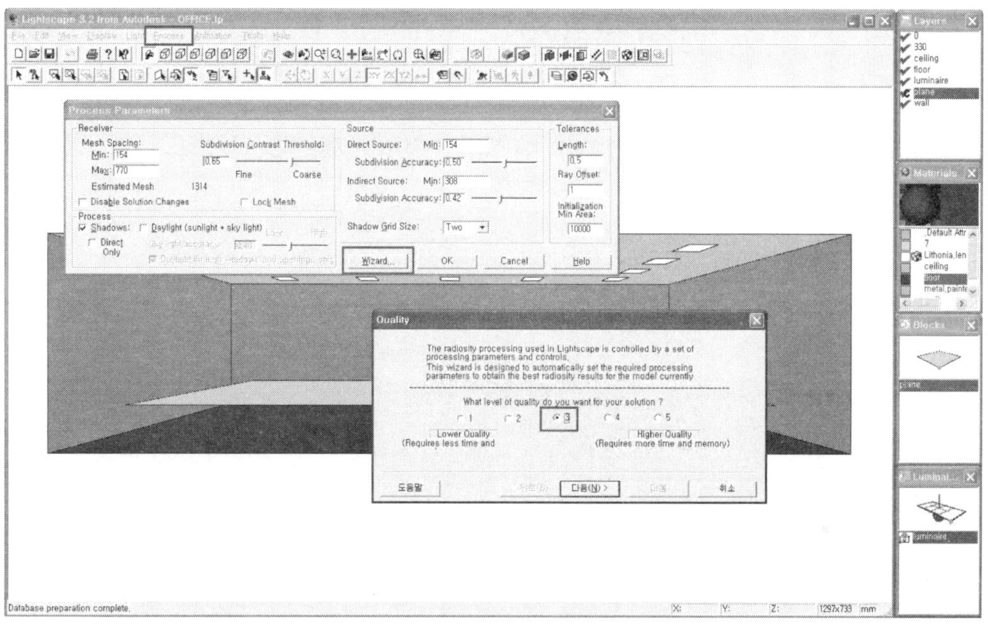

그림 17. 조명계산 자동설정(마법사)

6.3. 그림 17과 같이 조명계산의 정도(총 5단계)에서 3단계를 선택한 후, "다음"을 클릭한다.

6.4. 주광적용에 대하여 "No"를 선택하고, "다음"을 클릭하고 "마침"을 클릭한다.

6.5. "Process Parameters" 박스에서 OK를 클릭하고 박스를 닫는다.

6.6. 를 클릭하면 저장여부물음에 저장한다.

: 모델 내부 전체가 검게 되면, 메인화면 상단의 파일명이 "OFFICE. lp"에서 "OFFICE.ls"로 바뀐다.

6.7. 를 클릭한다. 조명계산이 진행된다

6.8. 메인화면 좌측하단의 계산진행률 85[%]를 넘으면 를 클릭하여 계산을 멈춘다.

6.9. 가 선택되어 있음을 확인하고 로 둘러본다.

6.10. File> Properites를 클릭하여 "Document Properties" 박스를 불러들인다.

6.11. 그림 18과 같이 "Display"탭에서 "Brightness"를 "75"로 설정하고 "확인"을 클릭한다.

: 조명 계산된 모델의 밝기가 전반적으로 향상됨을 확인할 수 있다.

: 그림 18의 작업은 조명계산에는 무관하며, 단지 화면의 밝기를 조정하는 것이다.

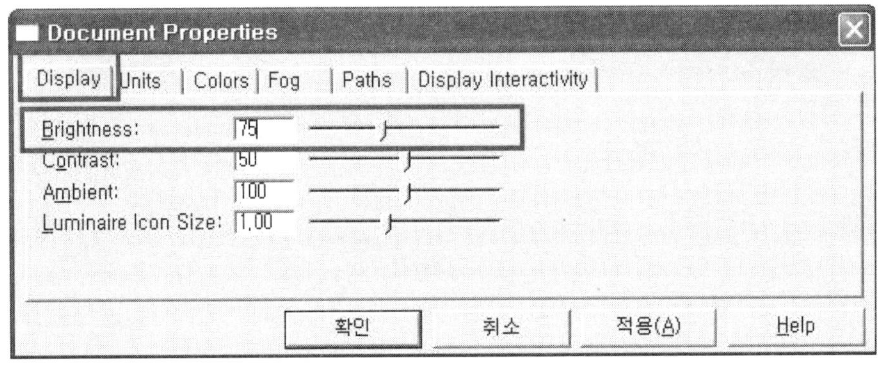

그림 18. 화면밝기 조정

: , (top view)를 클릭한다.

☞ Light> Analysis를 선택하여 그림 19의 (A), (B)순으로 진행한 후 "plane 블록"을 클릭하면 그림 19(C)와 그림 20과 같이 결과가 나타난다.

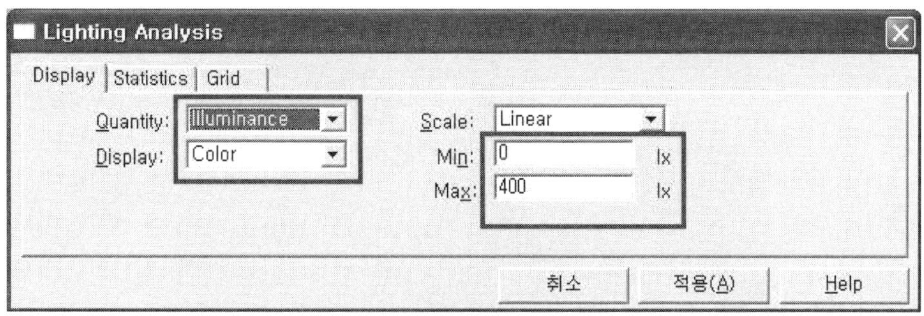

(A) Display

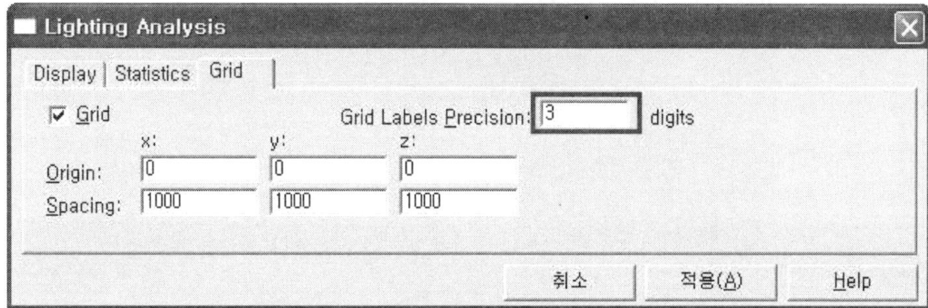

(B) Grid

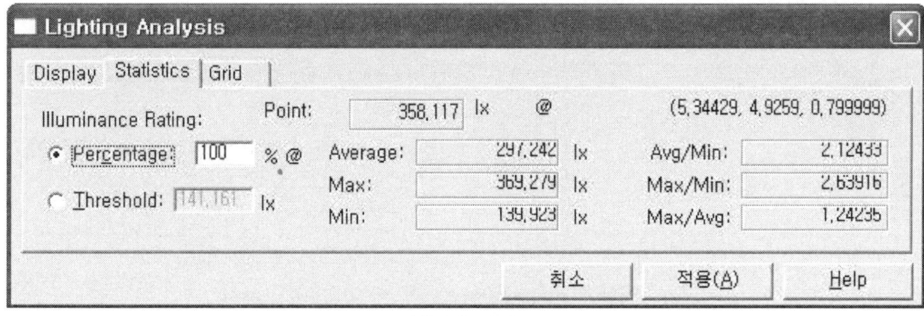

(C) Statistic

그림 19. Lighting Analysis

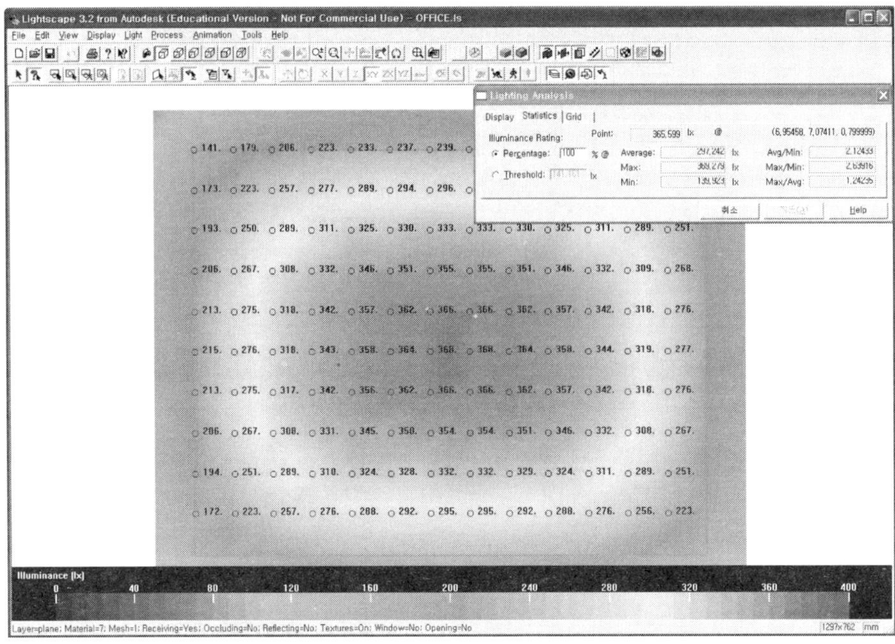

그림 20. 조명계산 결과물 - 칼라평면도(Top View)

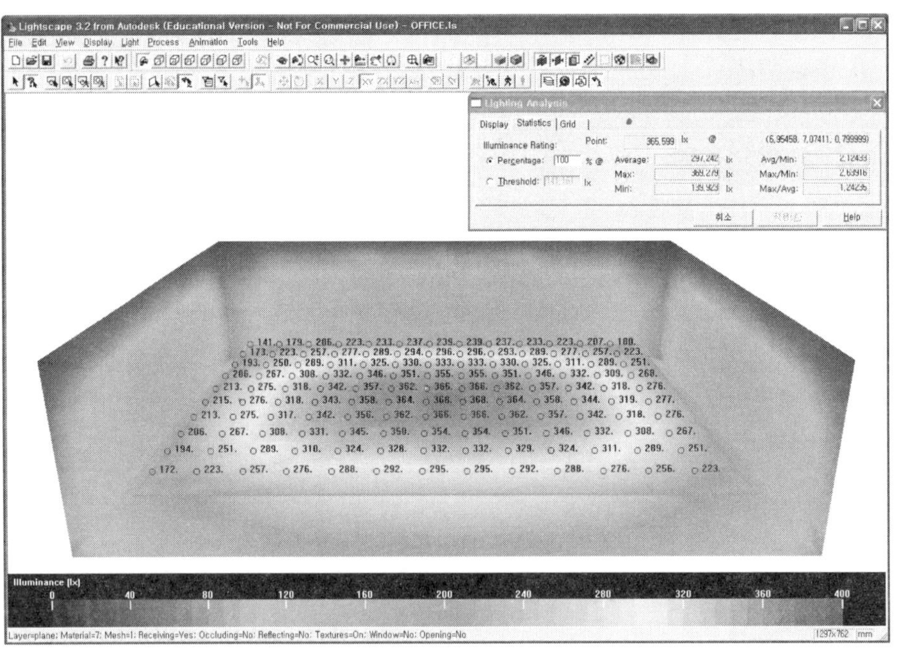

그림 21. 조명계산 결과물 - 칼라평면도(Perspective View)

7. 조건별 변경에 따른 결과치 비교하기

7.1. 측정면과 바닥면의 결과치 비교

그림 21과 같은 상태에서 바닥면을 클릭하여 가상측정면과 바닥면의 결과치를 비교한다.

: 가상측정면보다 바닥면의 결과치가 낮음을 확인할 수 있다. 바닥면은 가상측정면에 비해 광원과 멀고, 측정면이 공간의 구석진 곳의 낮은 조도까지 적용하기 때문에 결과치가 낮게 나올 수 밖에 없다.

7.2. 표면 반사율에 따른 결과치 비교

☞ [아이콘]를 클릭하여 조명계산의 초기상태화하고 설정 변경 후에 [아이콘]를 클릭하여 계산하고, [아이콘]를 클릭하여 계산을 멈춘다.

☞ "Materials table"에서 "Wall"을 더블클릭하여 그림 22과 같이 "v"값을 "0.7"로 변경하여 결과치를 비교한다.

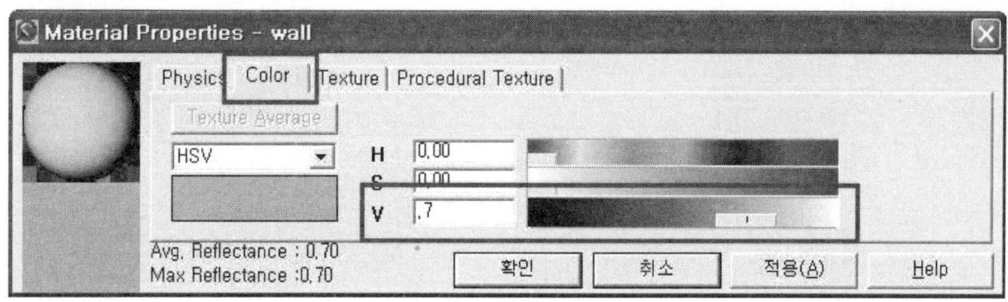

그림 22. 재질 속성 변경

: 재질 속성변경만으로도 결과치의 변경이 올 수 있음을 알 수 있다.

7.3. 기타 설정 변경

: 같은 모델에 대하여 등기구 속성 및 여러 속성을 변경하여 결과값을 비교해 본다.

제2절 실내 리룩스1

1. Relux를 사용한 조명시뮬레이션

1.1. 프로그램 시작 및 공간 만들기.

☞ Relux Pro를 더블클릭하여 프로그램을 시작한다.

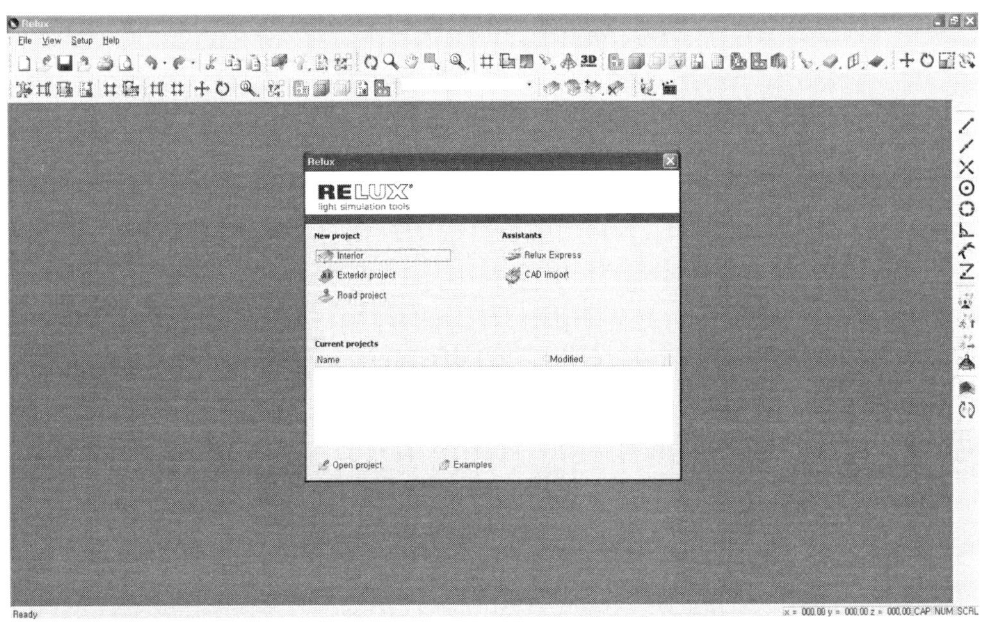

그림 1. 프로그램 시작

1.2. 그림 1의 박스가 나오면, 좌측상단의 Interior버튼을 클릭하고, Project data박스가 나오게 되면, 내용을 기입하고 OK를 클릭한다.

: 그림 2의 Project data는 결과물 출력 시, 표지에 표기될 내용이다.

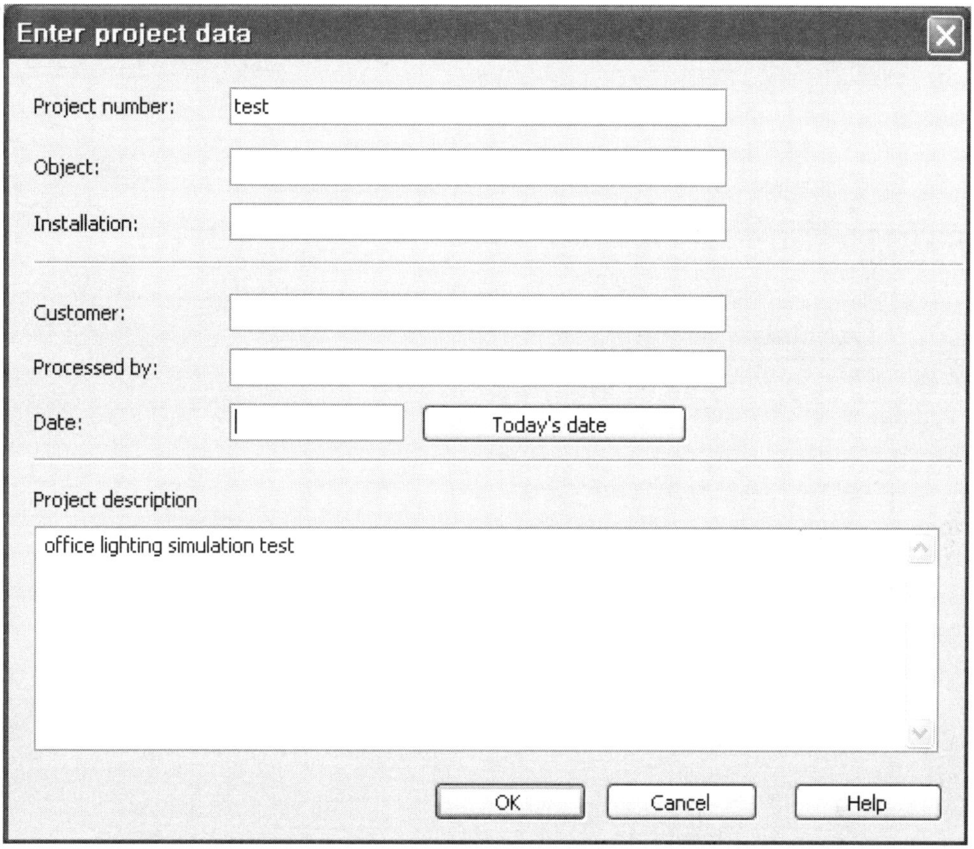

Enter project data

Project number: test

Object:

Installation:

Customer:

Processed by:

Date: Today's date

Project description

office lighting simulation test

OK Cancel Help

그림 2. Project data

1.3. Interior 박스가 나오면, 그림 3과 같이 기입하고 OK를 클릭한다.

: Dimenstions(1: 15, 2: 12, Height: 4) Geometry(Height of the reference plane: 0.8, Offset the wall: 1)을 수정기입한다.

: 기본으로 설정된 Material 값은 그대로 둔다.

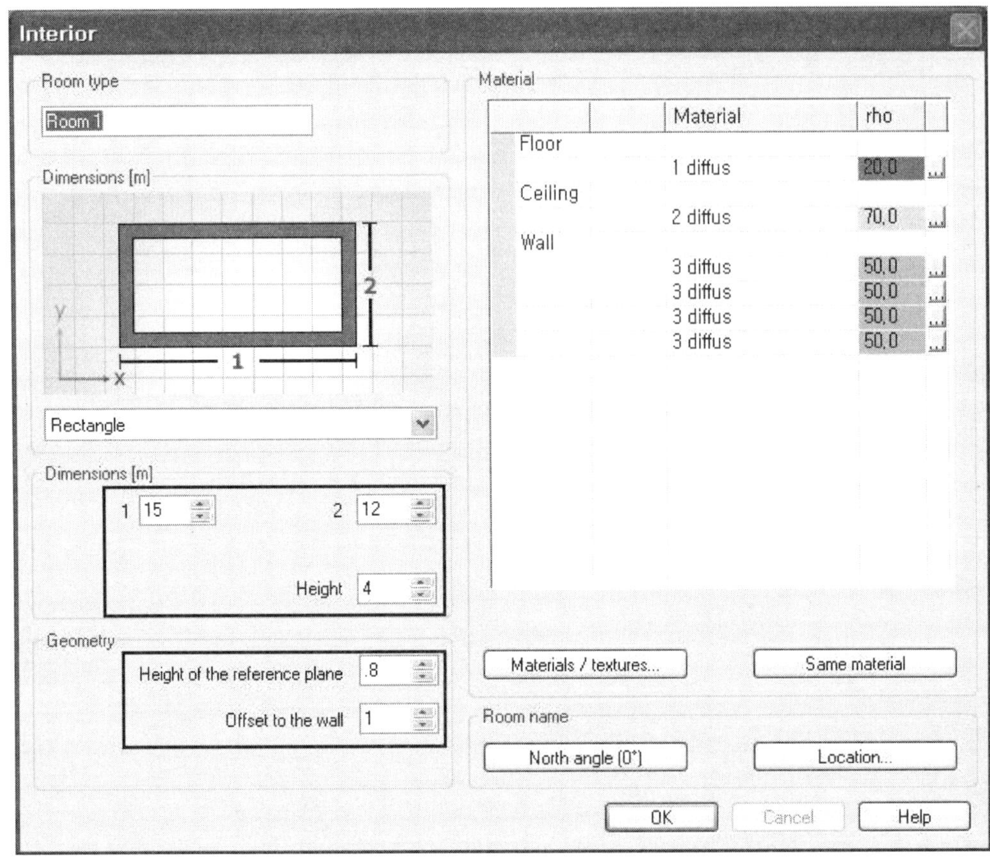

그림 3. Interior

1.4. 등기구 설정하기

☞ 그림 4는 Relux pro의 메인 작업화면이다.

☞ Insert〉 Luminaires〉 New Single Luminaire 클릭하여 그림 5와 같이 설정한다.

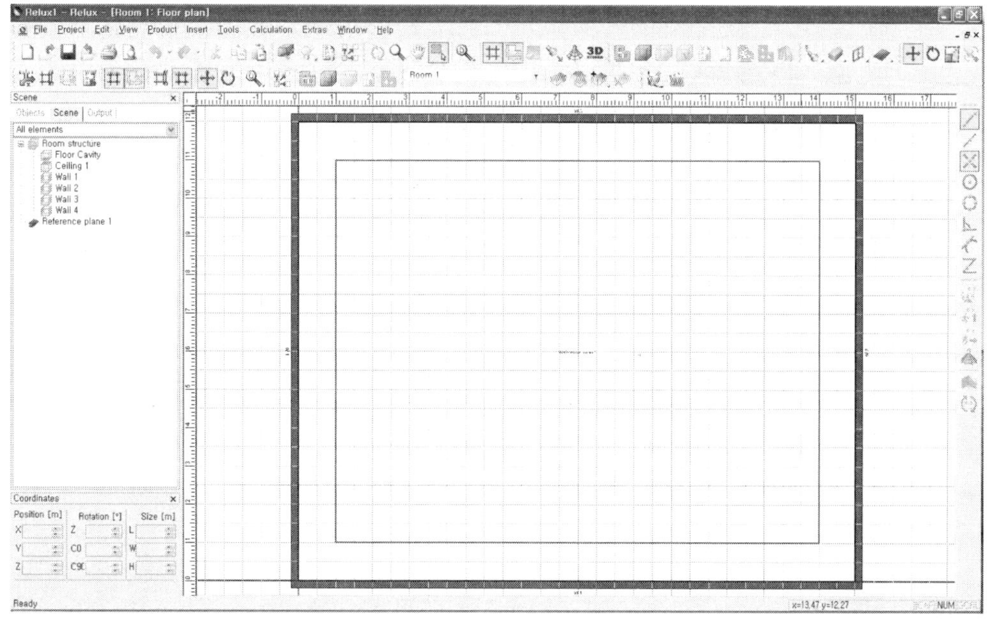

그림 4. 메인화면(작업화면)

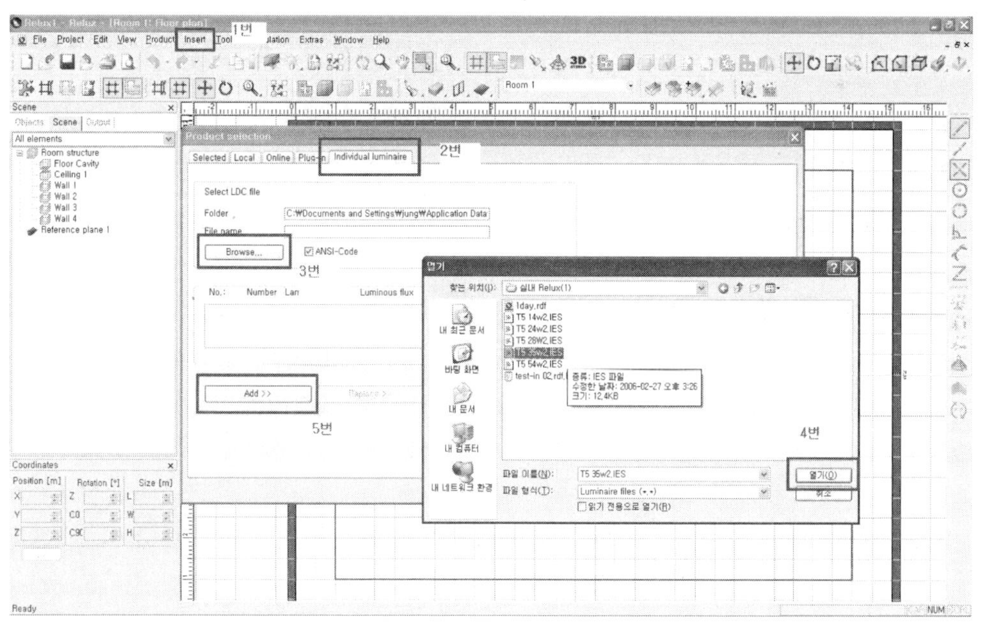

그림 5. luminaire selection

1.5. 맨 우측의 Individual luminaire탭을 클릭하여 "Browse"버튼을 클릭하여 T5 28W2.IES 파일을 선택한 후, 하단의 "Add"버튼을 클릭한다.

1.6. 위와 같은 방법으로 T5 14W2.IES, T5 24W2.IES, T5 35W2.IES, T5 54W2.IES에 대하여 입력작업을 진행한다.

1.7. 맨 좌측의 Selected 탭을 클릭하여 등기구가 추가됨을 확인한다.

: 추가된 등기구에 대하여 여러방식을 데이터를 볼 수 있다.

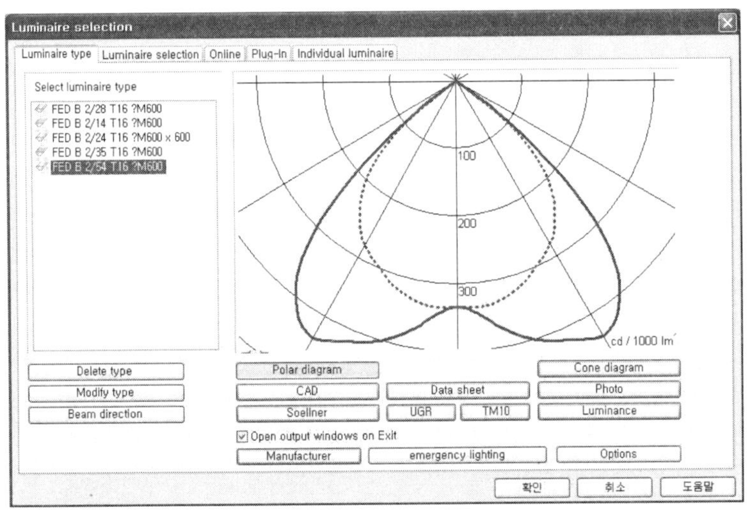

그림 6. luminaire selection

1.8. 등기구 설치하기

: 메인작업 화면을 보려면 버튼을 클릭한다.

: Insert〉 Luminaires〉 해당등기구(T5 24W2.IES)를 클릭한다.

1.9. 나타난 등기구를 그림 7과 같이 Position의 X: 2, Y: 2, Z: 4 좌표에 위치시킨 후, ESC를 클릭하여 작업을 멈춘다.

: 커서가 움직임에 따라 커서 우측에 등기구 아이콘과 좌표가 표시된다.

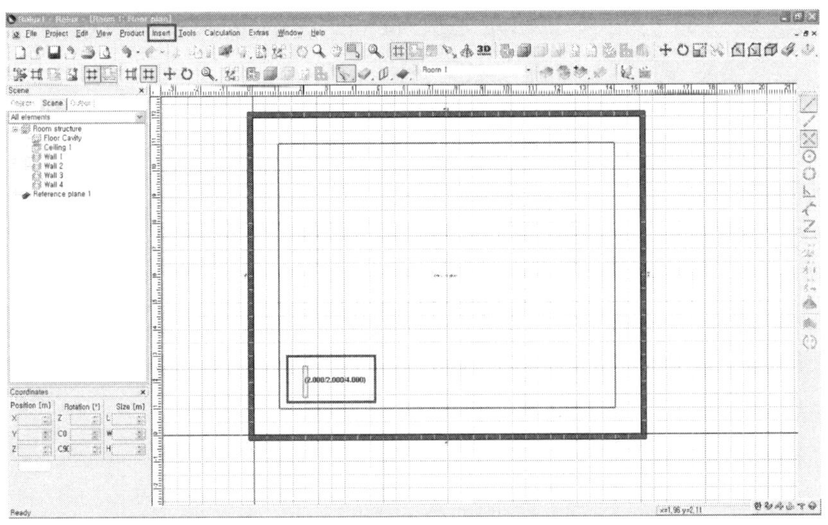

그림 7. luminaire insert

1.10. 선택된 등기구에서 다시 마우스 우측버튼을 클릭하여 "Create Group>Field"를 클릭한다. 클릭과 동시에 명령이 실행중인 상태이며, 마우스 커서는 십자모양으로 바뀌며, 그 상태에서 커서를 Position의 X: 13, Y: 10, Z: 4 에 클릭한다.

: 그림 8 참조

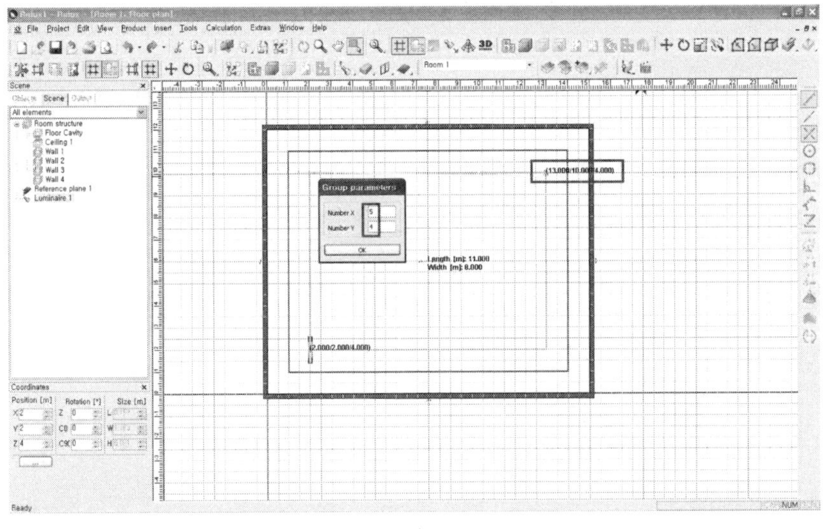

그림 8. Control centre-luminaire array

1.11. 클릭 후에 나타난 "Group parameters" 박스에 Number X : 5, Number Y : 4를 기입한 후에 OK를 클릭한다.

: 그림 9와 같이 배치됨을 확인할 수 있다.

: 지금 배열된 등기구는 하나의 그룹으로 뭉쳐져 있음을 확인한다.

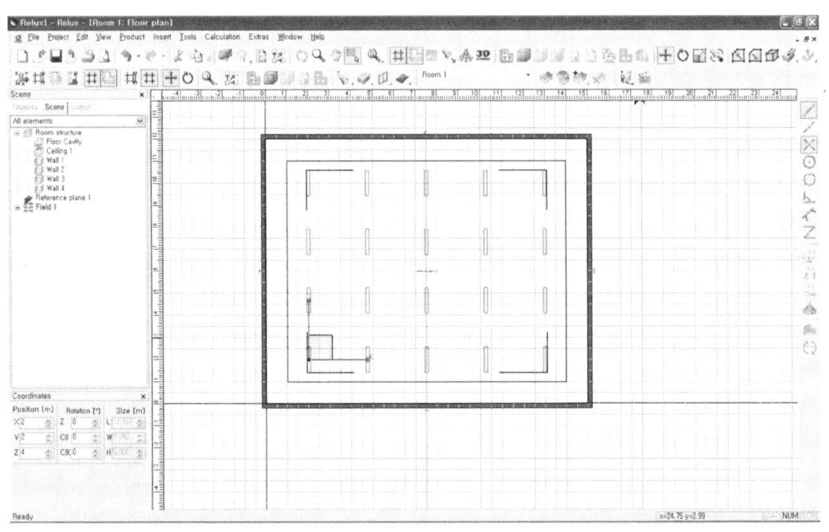

그림 9. Control centre-luminaire array(2)

1.12. (3D view)를 클릭하여 입체적인 뷰로 모델을 확인한다.

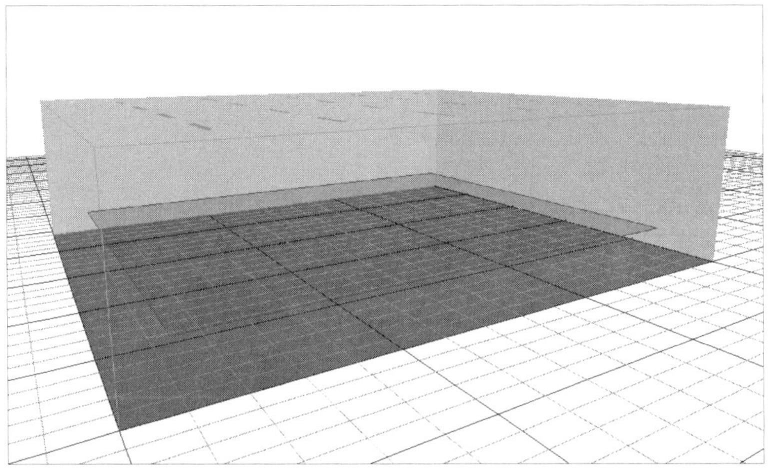

그림10. 3D view

2. 조명계산하기.

2.1. Calculation> Calculation manager를 선택하여 우측 하단의 Start를 클릭하여 조명계산을 한다.

: 기본적으로 Average indirect fraction : check, Maintenance factor : 0.8로 되어있다.

: 그림 11 참조

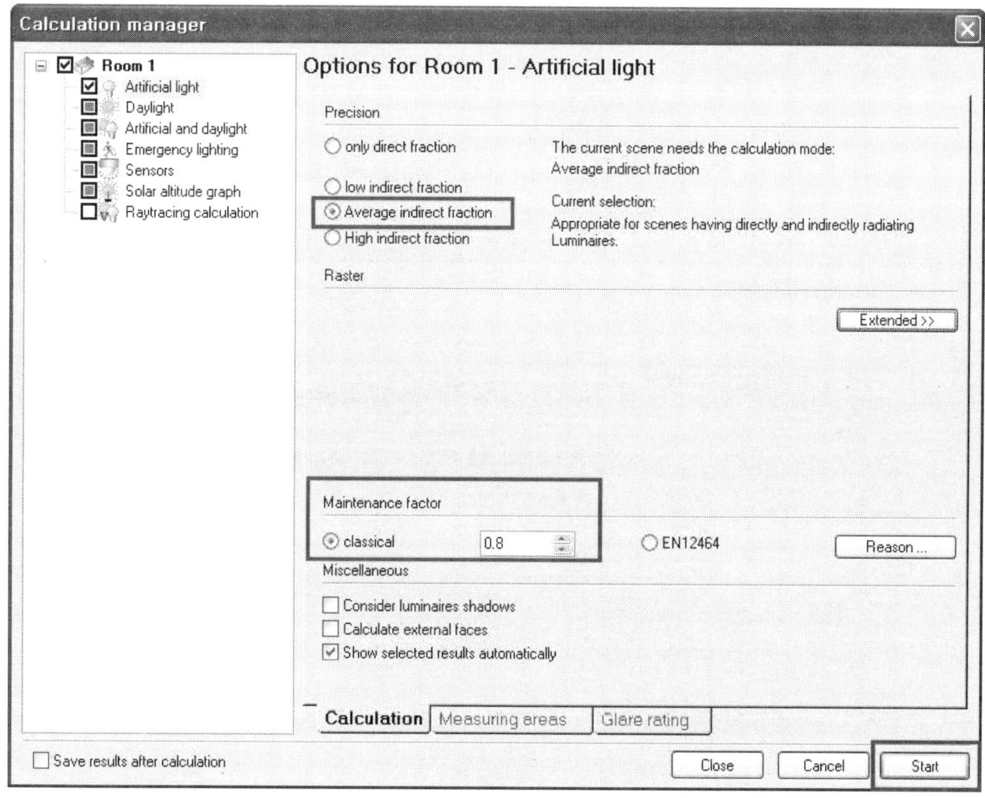

그림 11. calculation

: 그림 12과 같이 결과물이 생성된다.

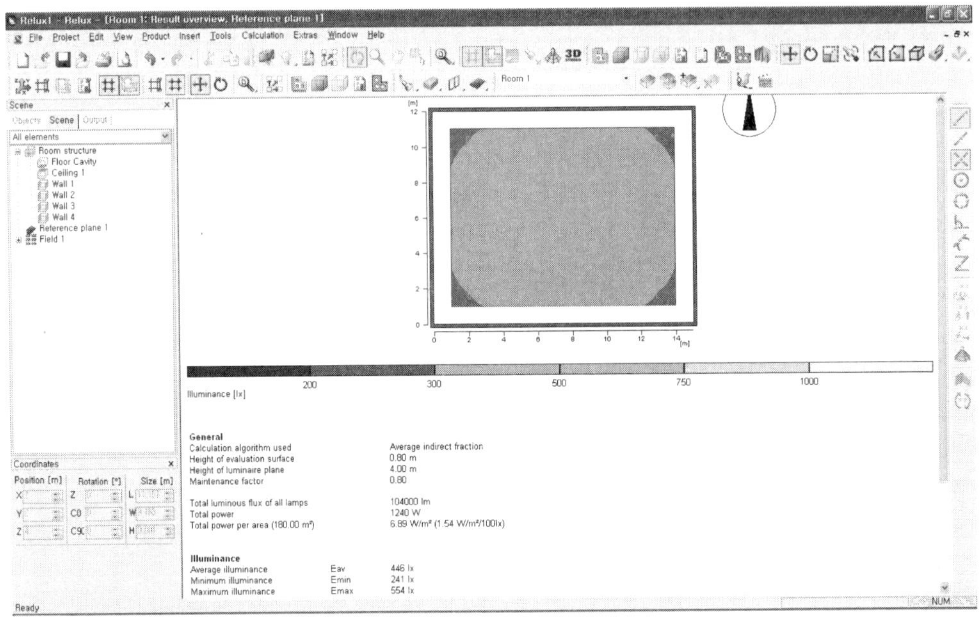

그림 12. 조명계산 결과물(1)

2.2. 을 각각 클릭하여 결과물을 확인한다.

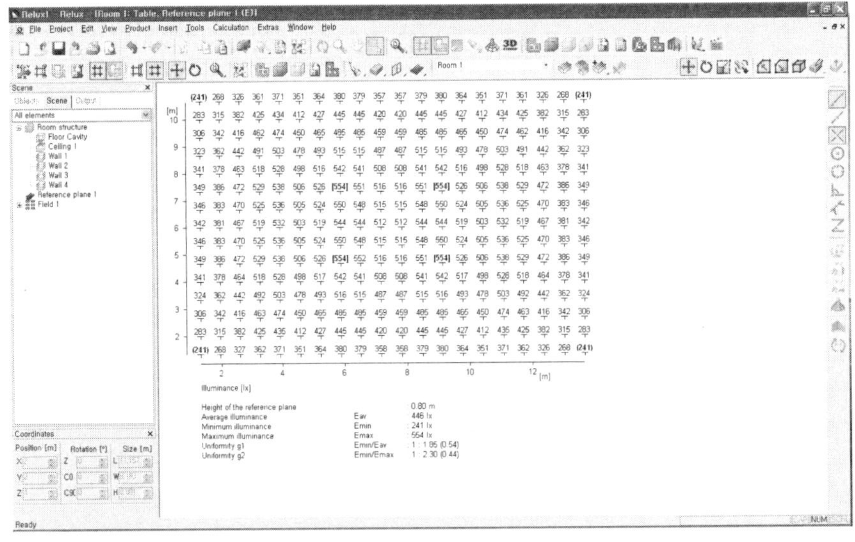

그림 13. 조명계산 결과물(2) : (클릭)

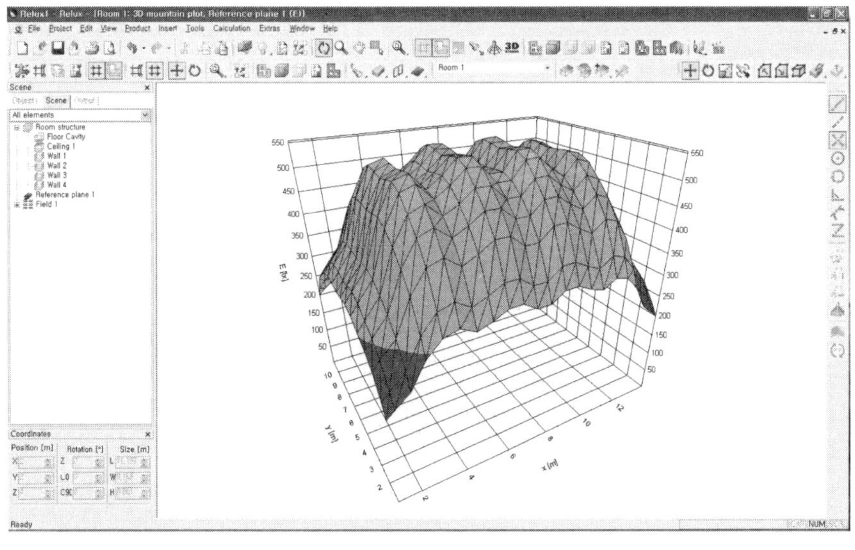

그림 14. 조명계산 결과물(3) :(클릭)

2.3. 을 각각 클릭하여 결과물을 확인한다.

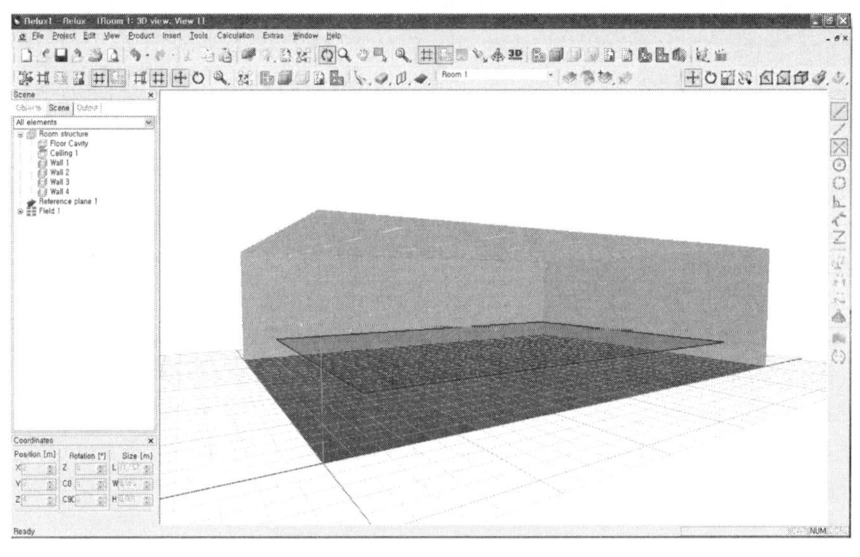

그림 15. 조명계산 결과물(4) :(클릭)

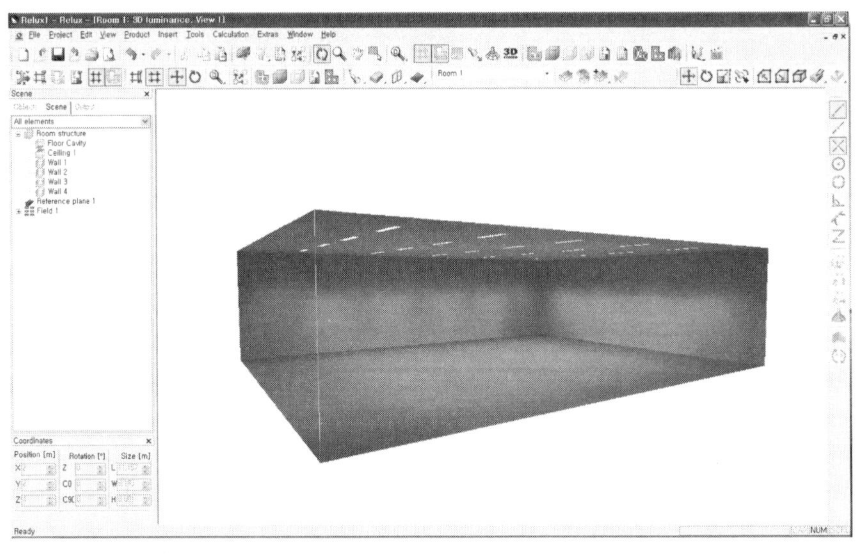

그림 16. 조명계산 결과물(5) :(클릭)

2.4. 결과물보기.

☞ 풀다운 메뉴에서 File〉 Print manager를 클릭한다.

: 3칸 중에 맨 좌측 칸(Available outputs)에서 출력할 항목을 선택하면, 중앙칸(Current print outputs)에 선택된 항목이 나열되고, 맨 우측칸에 선택된 항목에 대하여 실제 출력될 뷰를 보여준다.

: 맨 좌측 칸(Available outputs)에서 적색 체크표시된 항목이 선택된 항목이다.

: 그림 17 참조

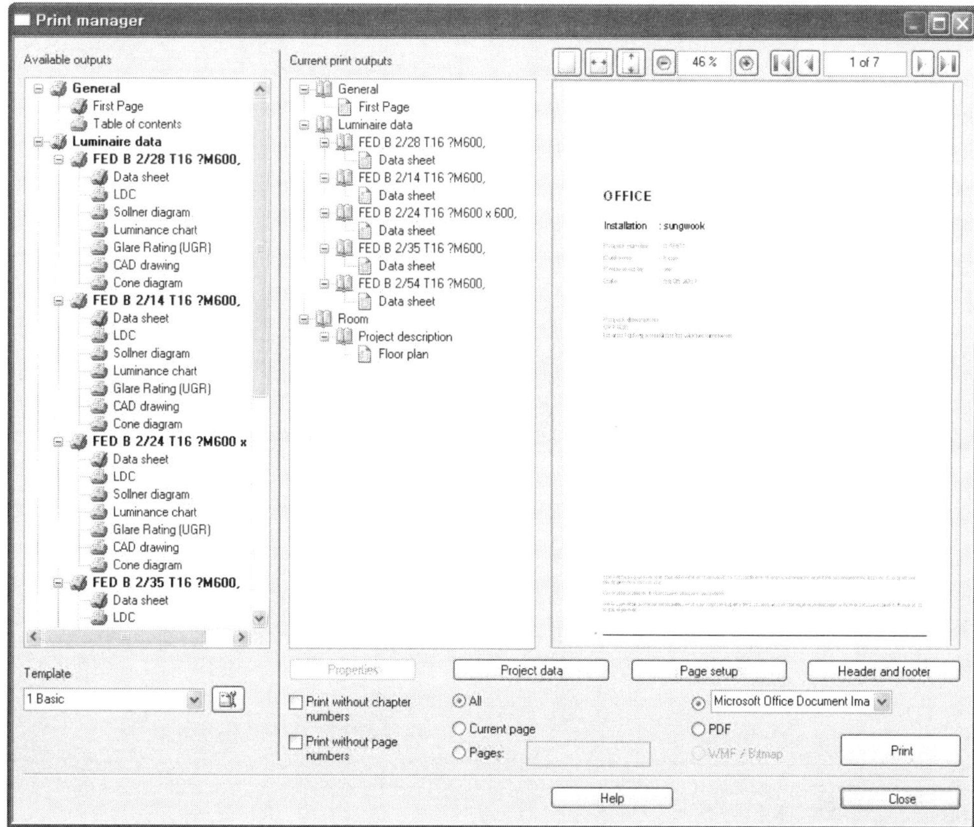

그림 17. 결과물 출력

☞ 출력 설정에 따라서, 문서 및 파일로도 출력이 가능하다.

2.5. 등기구별 비교

☞ 를 클릭하여 floor plan으로 위치시킨 후, 등기구를 더블클릭하여 나타나는 Control centre에서 그림 18과 같이 등기구 타입 항목에서 등기구의 종류를 변경시켜서 각각 조명계산을 한다.

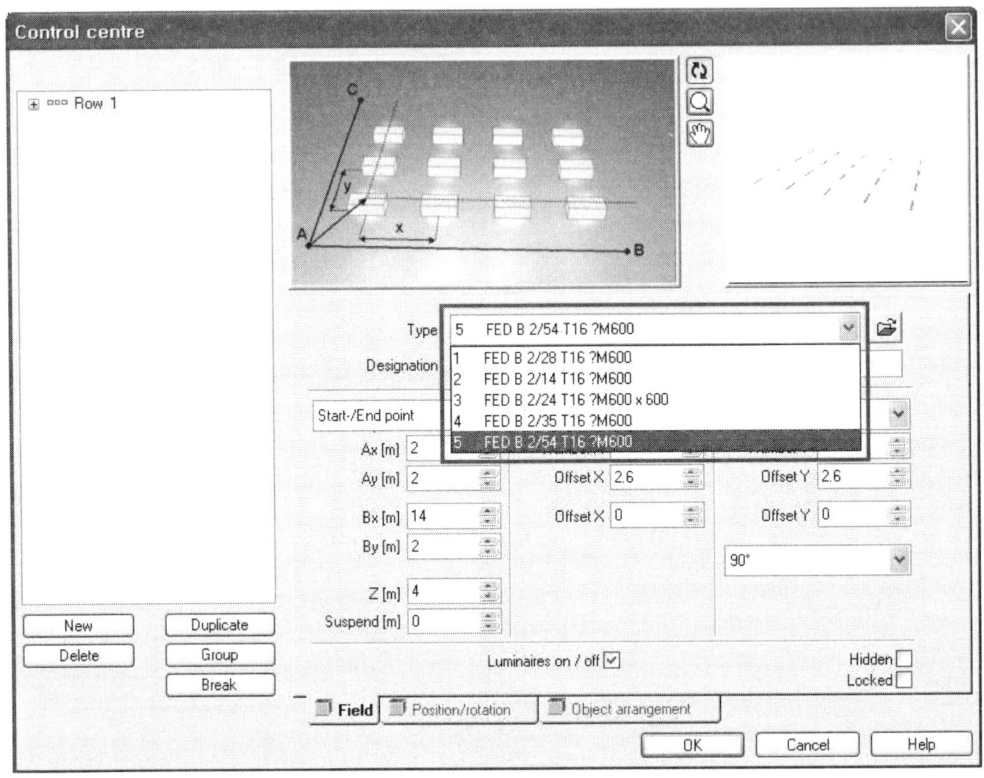

그림 18. 등기구의 종류 변경

☞ 등기구 타입을 변경함에 따라, 평균조도 및 균제도의 값이 변경되며,그 결과물을 비교한다.

2.6. 제원별 비교

☞ 를 클릭하여 그림 19의 여러 가지 속성을 변경한 후에 각각 조명계산을 하여 결과물을 비교한다.

: Material 항목에서 반사율을 변경하여 결과를 비교한다.

: Geometry 항목에서 Height of the reference plane 및 Offset the wall의 수치를 변경하여 결과를 비교한다.

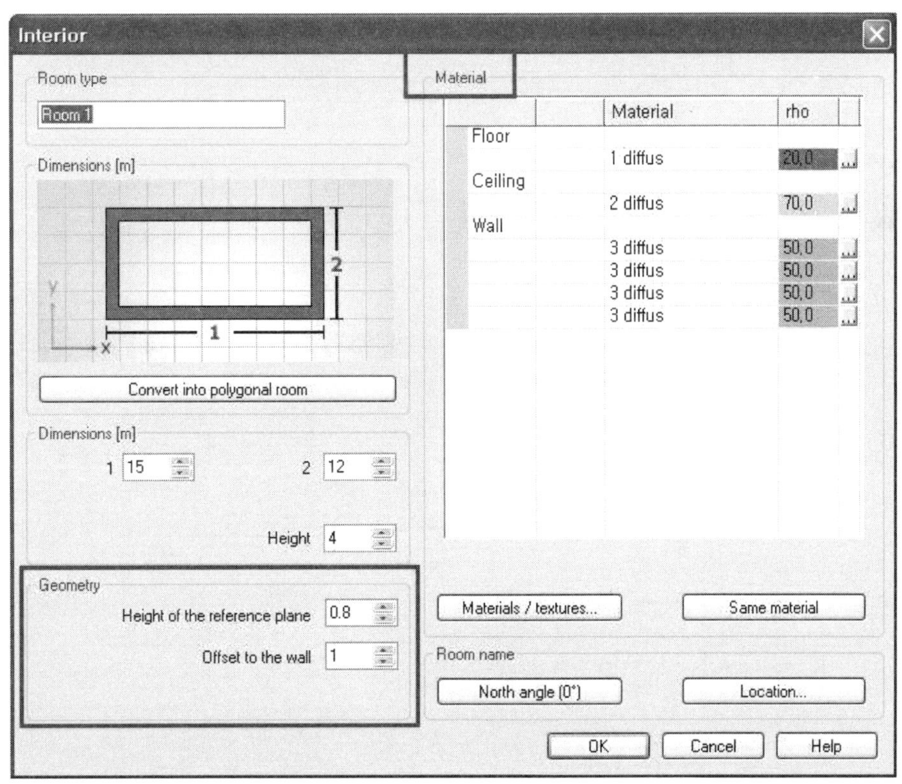

그림 18. 인테리어 모델의 속성 변경

☞ 등기구의 변경이 아닌, 모델의 속성의 변경만으로도 결과값의 변화가 있음을 확인할 수 있다.

제3절 실내 리룩스2

1. 실내 조명시뮬레이션

1.1 그림 1과 같이 가로7[m], 세로 10[m], 높이 4[m]의 "ㄴ"자 형태의 공간의 조명기구배치도가 있다. 도면(office2.dwg)을 확인한다.

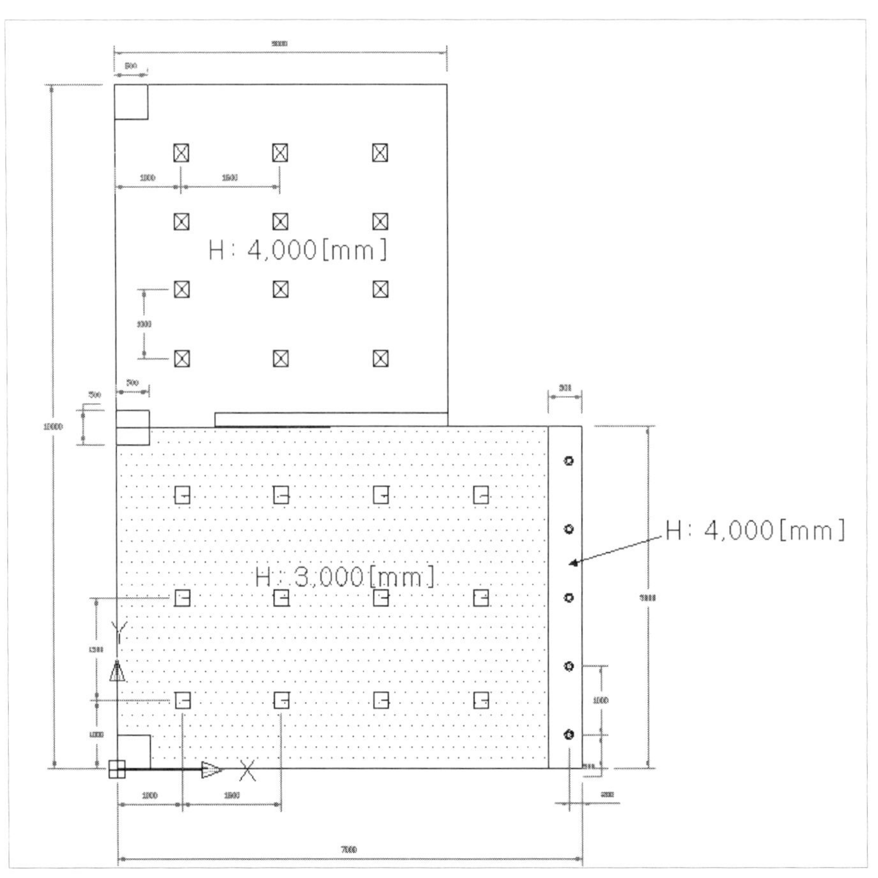

그림 1. office 조명기구 배치도

2. 공간 설정

2.1. 프로그램 시작 및 공간 만들기.

☞ Relux Pro를 더블클릭하여 프로그램을 시작한다.
: 그림 2 참조

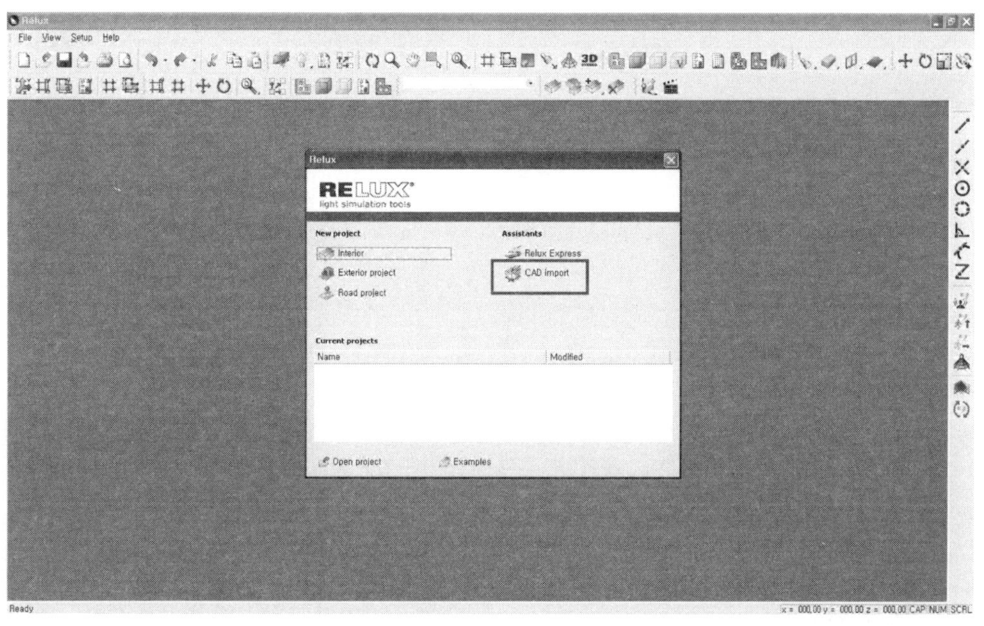

그림 2. 프로그램 시작

2.2. Relux 박스에서 우측하단의 CAD import를 더블클릭하고, Project data 박스가 나오게 되면, 내용을 기입하고 OK를 클릭한다. : Project data 는 결과물 출력시, 표지에 표기될 내용이다.

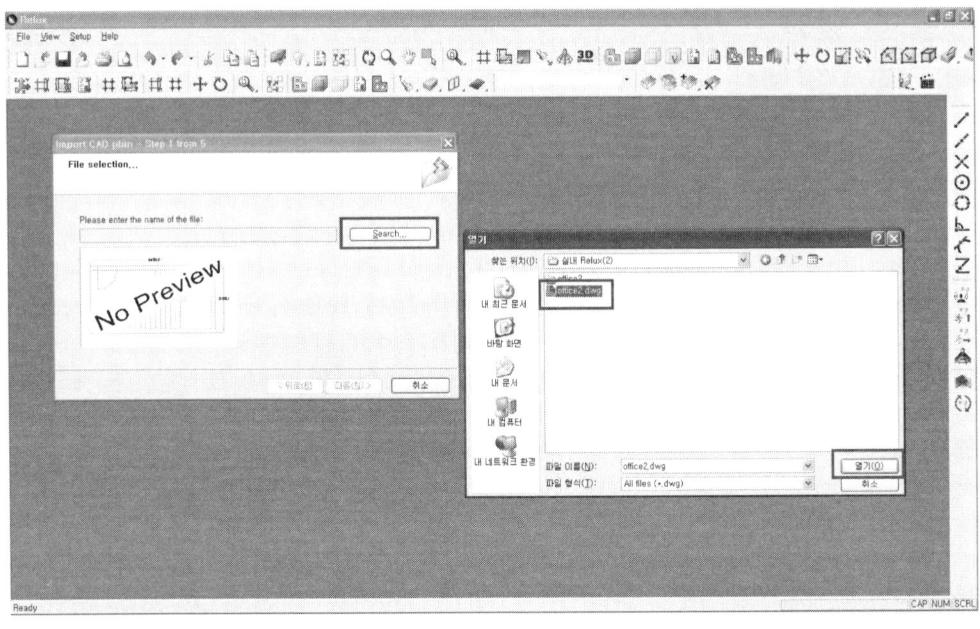

그림 3. select drawing file

2.3. 그림 3과 같이 "Search"를 클릭하여 “office2.dwg" 기입하고 "열기"를 클릭하고, "다음"을 클릭한다.

2.4. 그림 4~그림7의 순으로 나타난 박스의 내용을 확인하고, "다음"을 클릭한다.

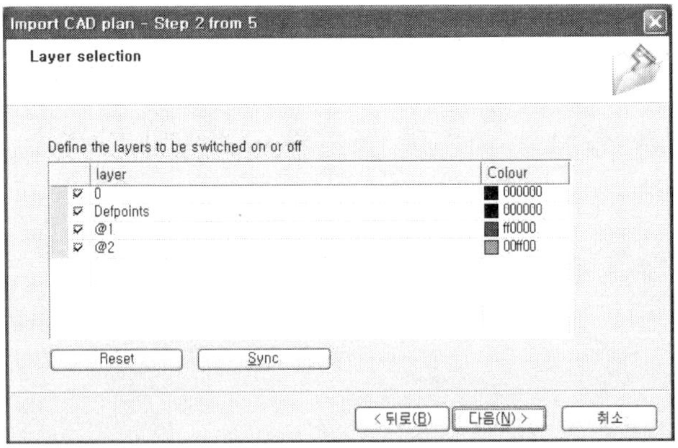

그림 4. 레이어 확인

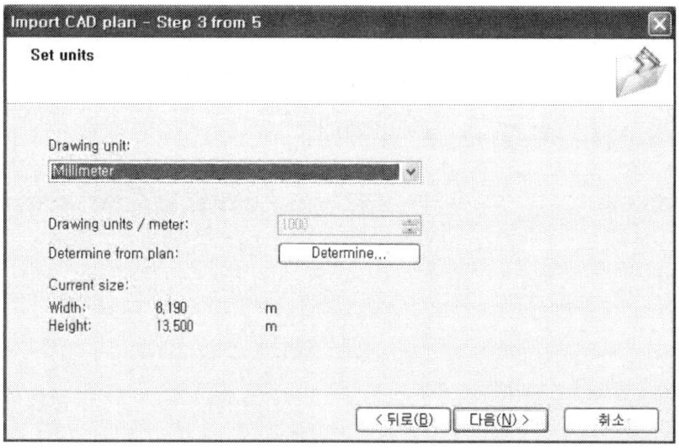

Import CAD plan - Step 3 from 5

Set units

Drawing unit:
Millimeter

Drawing units / meter: 1000
Determine from plan: Determine...

Current size:
Width: 8,190 m
Height: 13,500 m

< 뒤로(B) 다음(N) > 취소

그림 5. 단위 확인

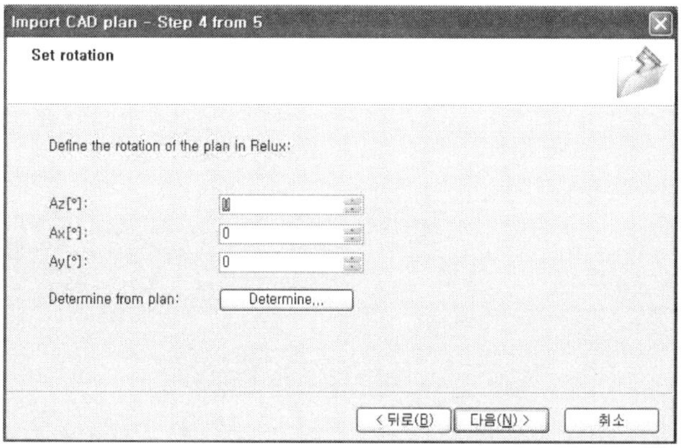

Import CAD plan - Step 4 from 5

Set rotation

Define the rotation of the plan in Relux:

Az[°]: 0
Ax[°]: 0
Ay[°]: 0

Determine from plan: Determine...

< 뒤로(B) 다음(N) > 취소

그림 6. 도면 위치각도 확인

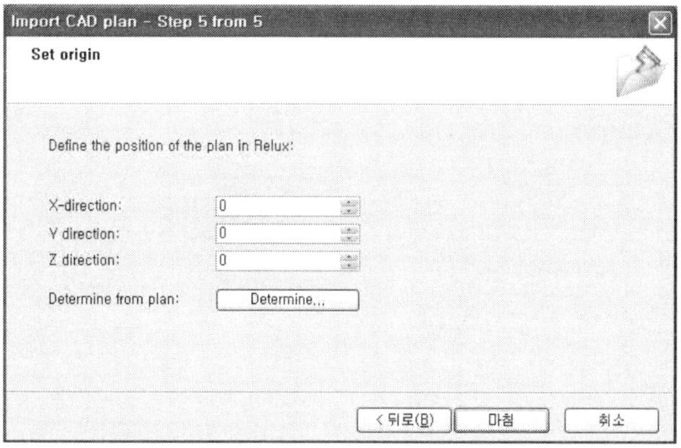

Import CAD plan - Step 5 from 5

Set origin

Define the position of the plan in Relux:

X-direction: 0
Y direction: 0
Z direction: 0

Determine from plan: Determine...

< 뒤로(B) 마침 취소

그림 7. 도면 원점위치 확인

2.5. 그림7의 "다음"을 클릭하면, 도면이 삽인된 화면이 나타나고, 연필 모양이 첨부된 커서가 나타난다. 그 상태에서 그림8과 같이 삽입된 도면의 모서리 부분을 클릭한다.

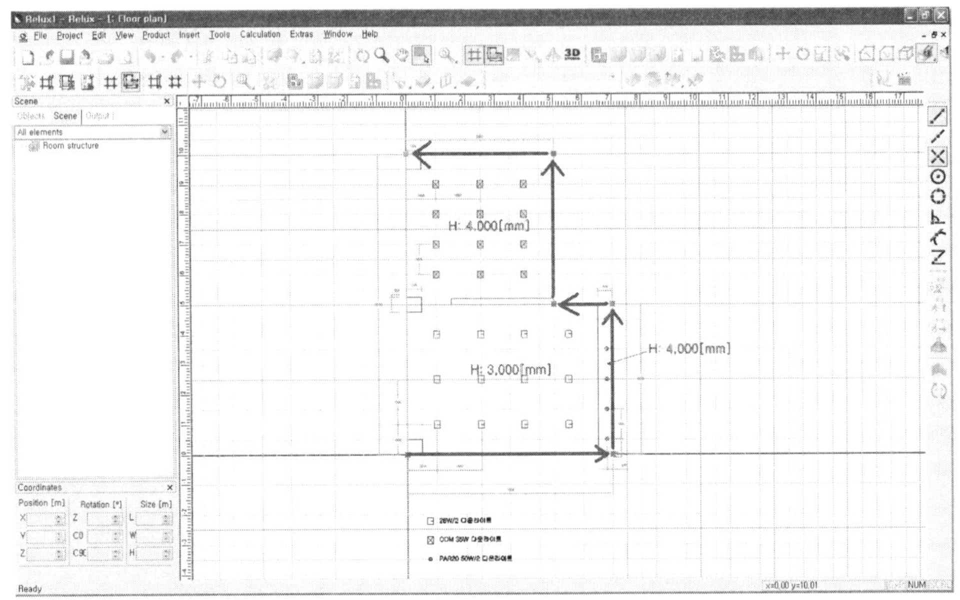

그림 8. 외곽선 모델링

2.6. 마지막 모서리 지점에서 더블클릭을 하면 "Create scene"박스의 "Set scene type"에서 "interior"를 체크하고 "다음"을 클릭한다.

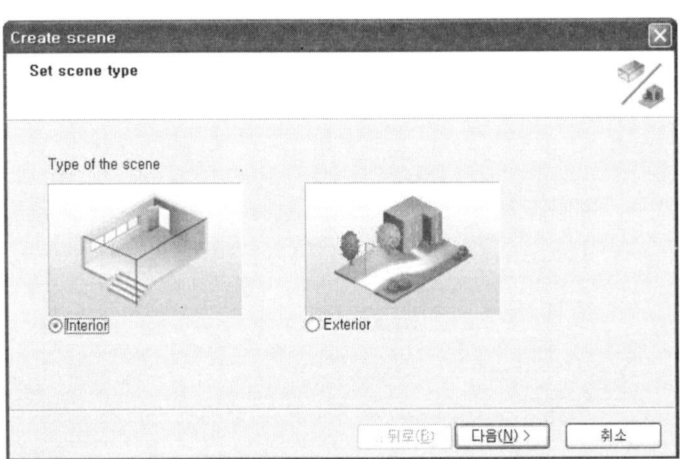

그림 9. scene 타입 선정

2.7. 그림 10과 같이 "Set direction of extrusion"에서 Height 4[m]로 기입하고 "마침"을 클릭한다.

: 그림 11과 같은 결과를 얻을 수 있다.

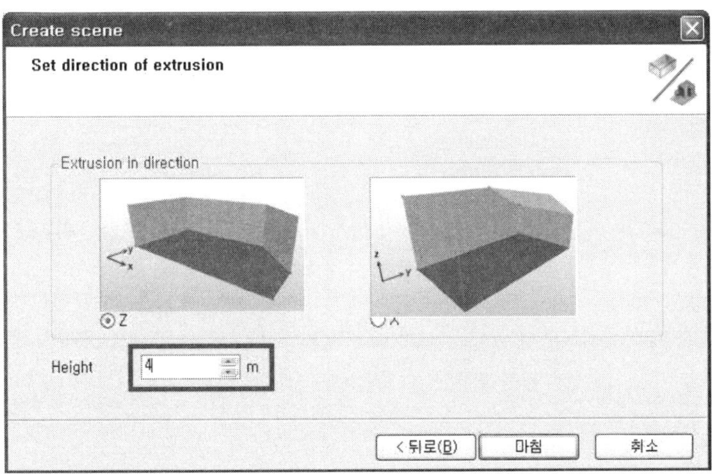

그림 10. 모델의 층고 설정

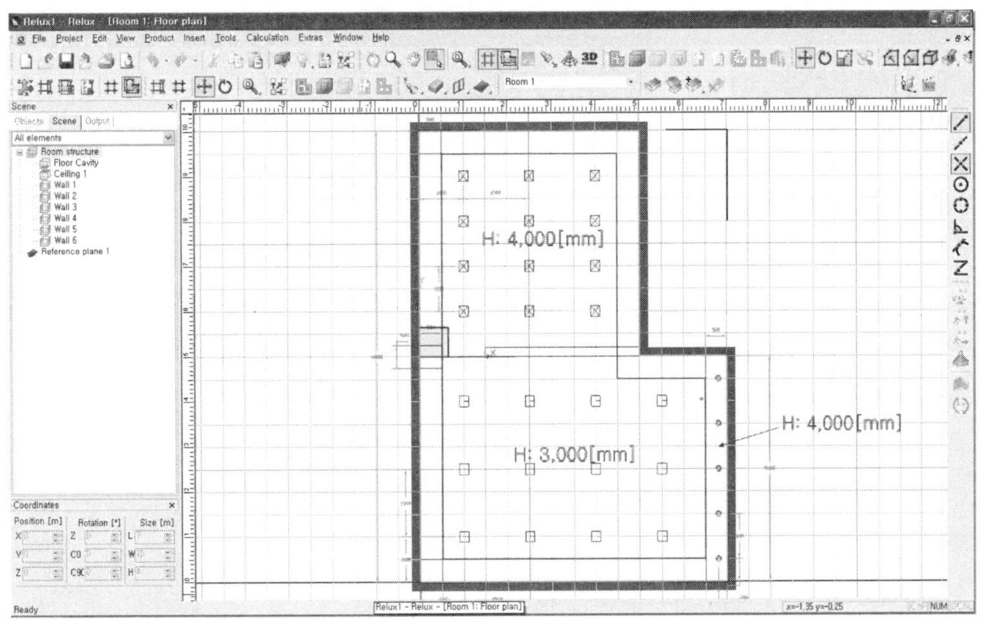

그림 11. 기본모델링

작업화면의 그리드 표시 on/off

작업화면의 캐드도면 표시 on/off

Room타입 및 치수, 재질 속성 등의 수정 가능.

전체화면 보기

작업화면의 그리드 및 스냅 설정 조정

2.8. 그림 12와 같이 을 클릭하면 Room의 형상을 3D로 둘러볼 수 있다.

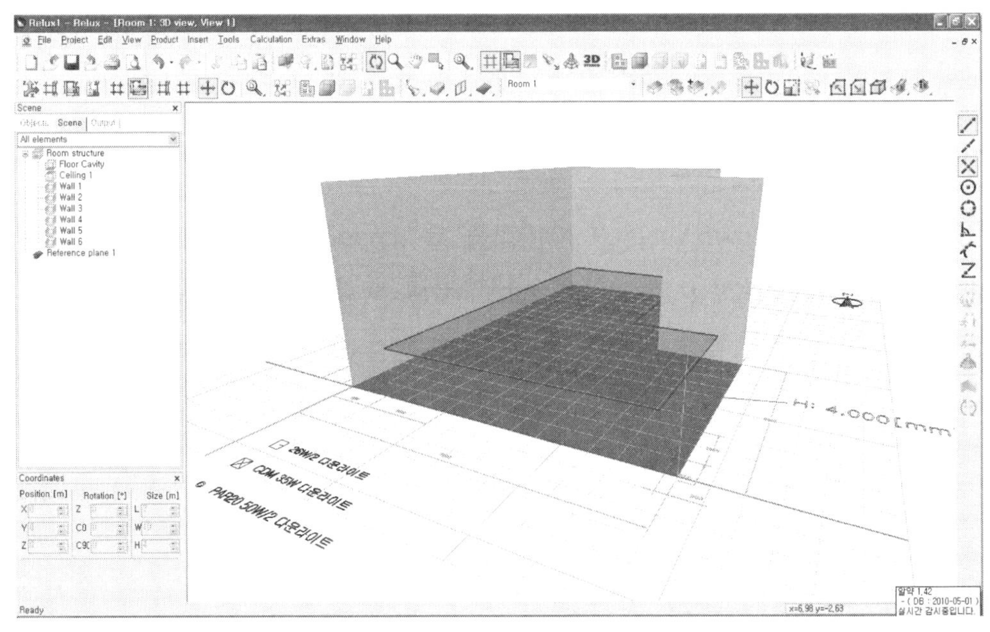

그림 12. 3D로 둘러보기

2.9. 을 클릭하여 작업모드로 돌아온다.

: 를 클릭하여 작업화면을 재정비한다.

2.10. 을 클릭하여 화면 원점부분에 "cube"를 위치시킨다. 그리고 더블클릭하여 "Properties" 박스를 불러들인다.

2.11. 그림13과 같이 하단의 "Insertion point" 탭에서 좌측하단 정면(4번)을 선택하고 다시 "Standard"탭으로 와서 "Position"과 크기를 설정한다.

2.12. 그림 14과 같이 높이가 다른 천정을 갖는 공간을 생성한다.

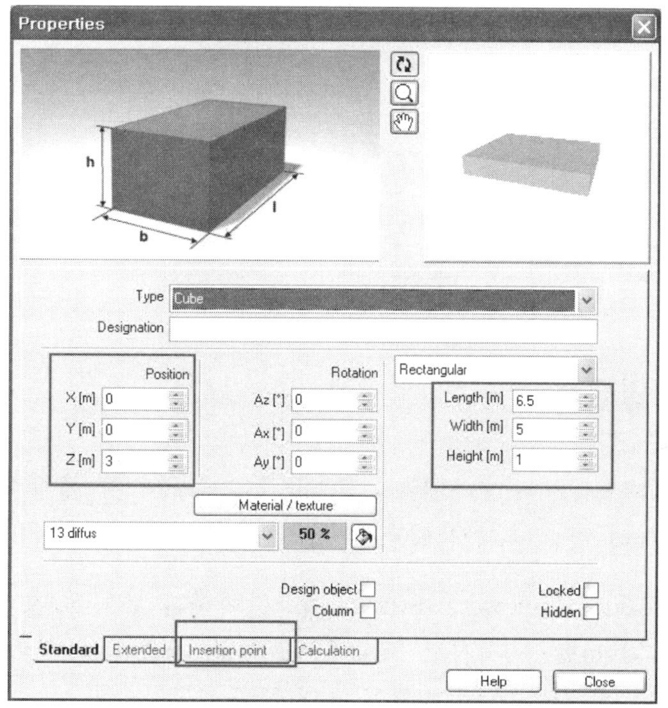

그림 13. 큐브 설정박스

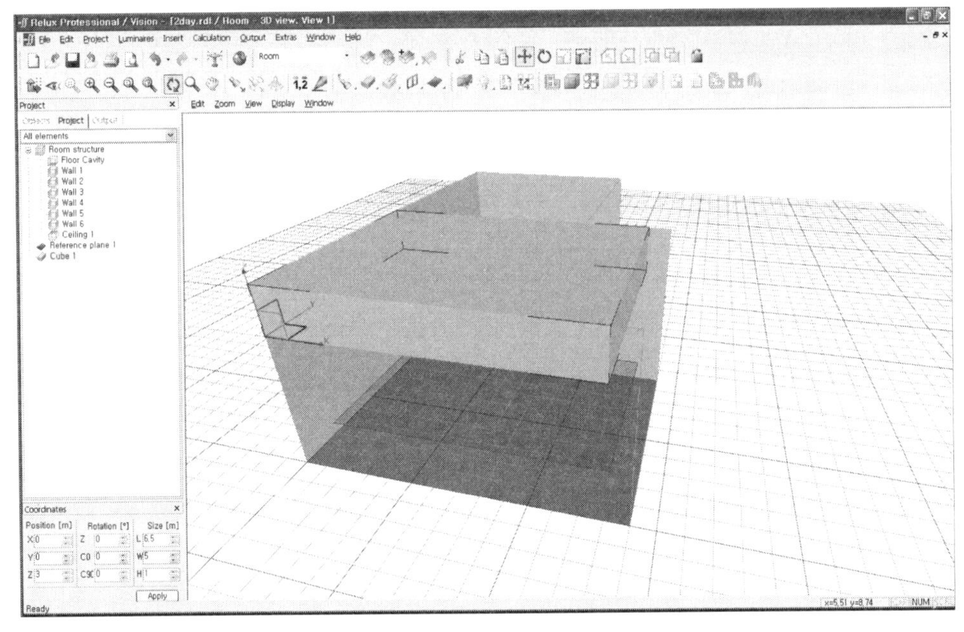

그림 14. 이중천정 설정

3. 등기구 설정

3.1. "Insert> Luminaires> New Single Luminaire"를 클릭하거나, 을 클릭하여 등기구 선정박스를 불러들인다.

3.2. "Individual luminaire>Browse"를 선택하여 IES file을 찾아서 선택한다. data박스로 가서 "DD-1750-사각 유리(FUL26W x 2).ies"를 선택하고 하단의 "Add"버튼을 클릭한다.

Luminaire selection

Luminaire type | Luminaire selection | Online | Plug-In | Individual luminaire

Select LDC file

Folder G:₩HY₩교재₩2day

File name DD-17050 - 사각유리 (FUL26W X 2).IES

Browse... ANSI-Code

No.:	Number	Lamp type	Luminous flux	Colour [Ra]	Power [W]
1	2		3600	0	26

Add >> Replace >> New luminaire type

확인 취소 도움말

그림 12. 등기구 설정박스

3.3. 그림 13과 같이 순서에 맞추어서 맨 좌측의 "Selected" 탭으로 가서 Select luminaire type에 추가된 등기구를 선택하고 좌측하단의 "Modify type"을 클릭한다. 나타난 박스에서 "Luminaire name"을 기입하고 OK버튼을 클릭한다.

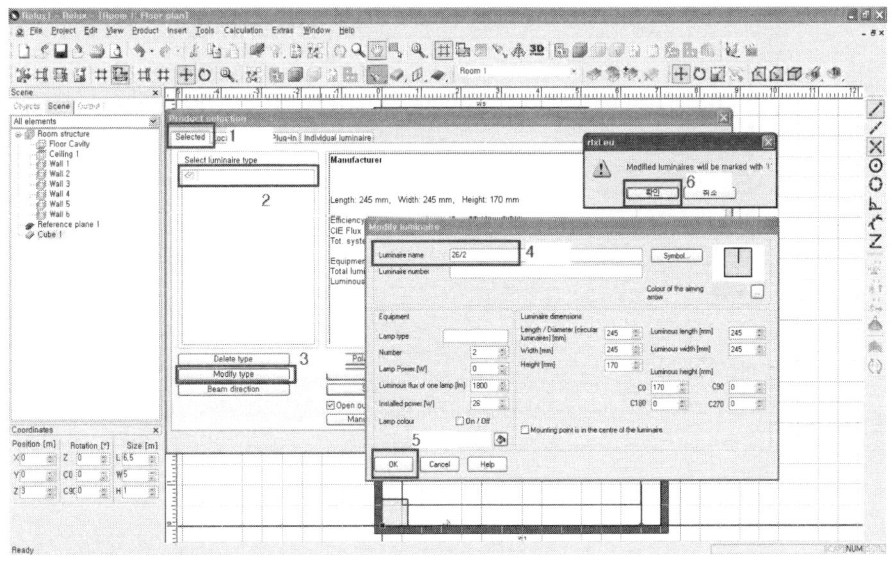

그림 13. 등기구 타입 설정

L E D 조명 광학설계 이론 및 활용 II

3.4. 나머지 2개의 IES file에 대해서도 3.3을 반복실행한다.

3.5. 등기구 설정을 마친 후, 등기구의 배치가 바로 실행되므로 (1,1)지점을 클릭하여 등기구를 이동시킨 후, ESC를 클릭하여 명령을 멈춘다.

3.6. 현재 자리잡은 등기구를 더블클릭하여 Properties 박스를 불러들인 후, Type을 "26W*2"로 선택하고 "Position"에서 X값 1[m], Y값 1[m]임을 확인하고, Z값을 3[m]로 설정하고 "close"하여 속성박스를 닫는다.

: 그림 14 참조

: Relux는 숫자를 기입하는 동시에 명령이 실행된다.

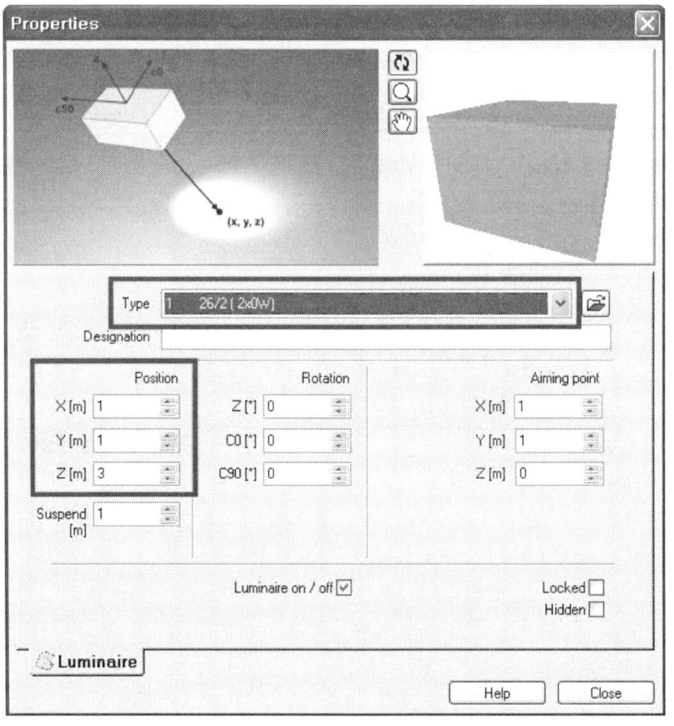

그림 14. 등기구 속성 설정

3.7. 을 클릭하면 Room의 형상을 3D로 둘러보고, ,을 클릭하여 작업모드로 돌아오고, 를 클릭하여 작업화면을 재정비 한다.

3.8. 선택된 등기구에서 다시 마우스 우측버튼을 클릭하여 "Create Group> Field"를 클릭한다. 클릭과 동시에 마우스 커서는 십자모양으로 바뀌며, 그 상태에서 커서를 Position의 X: 5.5, Y: 4, Z: 3 에 클릭한다.

3.9. 그림14와 같이 클릭후에 나타난 "Group parameters" 박스에 Number X : 4, Number Y : 3를 기입한 후에 OK를 클릭한다.

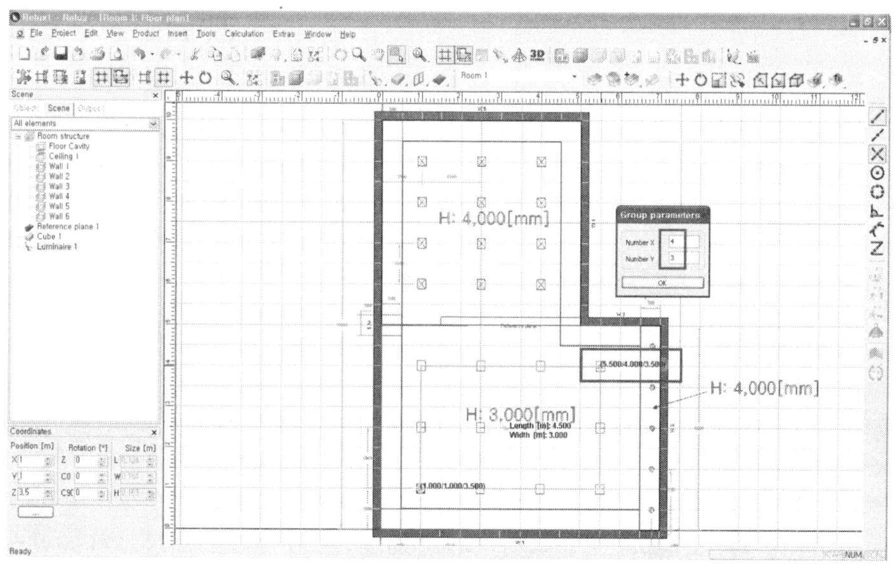

그림 14. 등기구 정렬배치

: 를 클릭하여 도면위에 등기구 정렬할 수 있도록 한다.

: 를 클릭하여 작업화면의 그리드를 조정하여 등기구를 위치시킬 때 용이토록 한다.

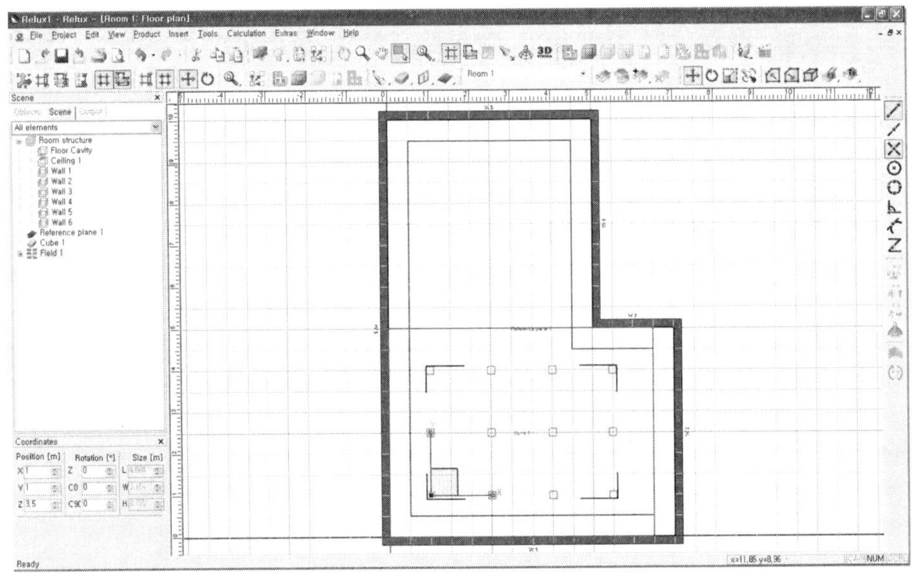

그림 15. 등기구 정렬배치 완료

: 그림 15와 같이 배치됨을 확인할 수 있다.

: 지금 배열된 등기구는 하나의 그룹으로 뭉쳐져 있음을 확인한다.

3.10. 을 클릭하여 X: 1, Y:6 지점을 클릭하고 ESC로 명령을 마친다.

3.11. 선택된 등기구에서 다시 마우스 우측버튼을 클릭하여 "Create Group> Field"를 클릭한다. 클릭과 동시에 마우스 커서는 십자모양으로 바뀌며, 그 상태에서 커서를 Position의 X: 4, Y: 9에 클릭한다.

3.12. 그림 16와 같이 클릭후에 나타난 "Group parameters" 박스에Number X : 3, Number Y : 4를 기입한 후에 OK를 클릭한다.

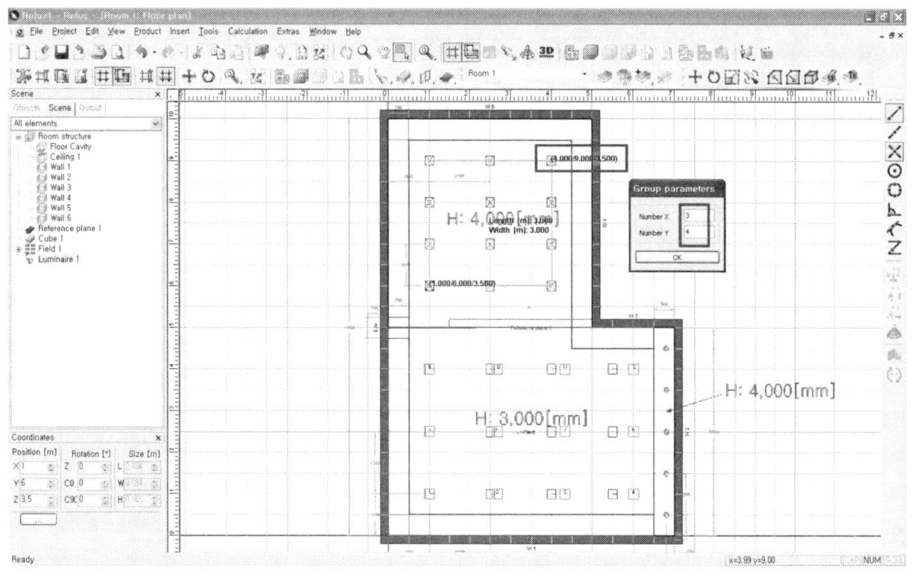

그림 16. 등기구 정렬배치

3.13. 새로 배치된 등기구 그룹을 더블클릭하여 그림17과 같이 type: DD-32110 - 멀티사각 (CDM-T 35W 48°).IES을 선택하고, Z: 4[m]로 수정한다.

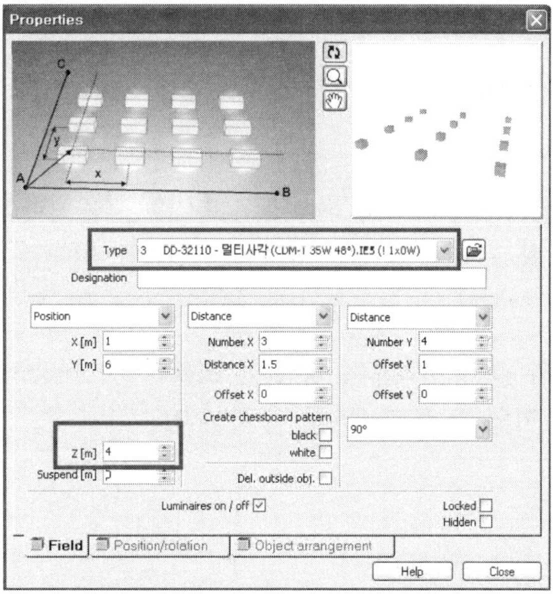

Properties

Type 3 DD-32110 - 멀티사각 (CDM-T 35W 48°).IES (! 1x0W)

Designation

Position | Distance | Distance
X [m] 1 | Number X 3 | Number Y 4
Y [m] 6 | Distance X 1.5 | Offset Y 1
| Offset X 0 | Offset Y 0
| Create chessboard pattern | 90°
| black / white |
Z [m] 4 | |
Suspend [m] 0 | Del. outside obj. |

Luminaires on / off

Locked

Hidden

Field | Position/rotation | Object arrangement

Help | Close

그림 17. 등기구 속성

L E D 조명 광학설계 이론 및 활용 II

3.14. 를 클릭하여 그리드 속성박스를 열고, 그림 18과 같이 Activate grid를 체크하고 Offset dX를 0.25로 수정한다.

3.15. 를 클릭하여 작업화면에 도면이 나타나도록 한다.

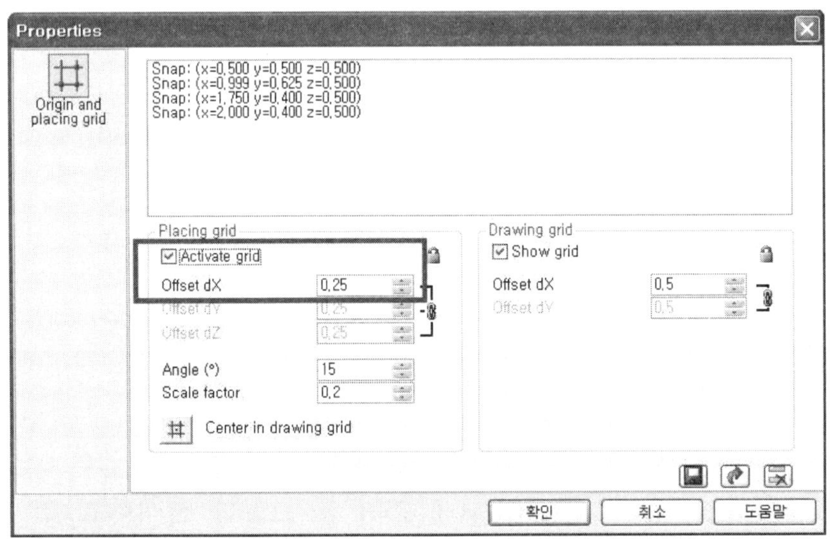

그림 18. 그리드 수정

3.16. 을 클릭하여 X: 6.75, Y:0.5 지점을 클릭하고 ESC로 명령을 마친다.

3.17. 선택된 등기구에서 다시 마우스 우측버튼을 클릭하여 "Create Group>Row"를 클릭한다. 클릭과 동시에 마우스 커서는 십자모양으로 바뀌며, 그 상태에서 커서를 Position의 X: 6.75, Y: 4.5에 클릭한다.

3.18. 그림 19와 같이 클릭후에 나타난 "Group parameters" 박스에 Number X : 5를 기입한 후에 OK를 클릭한다.

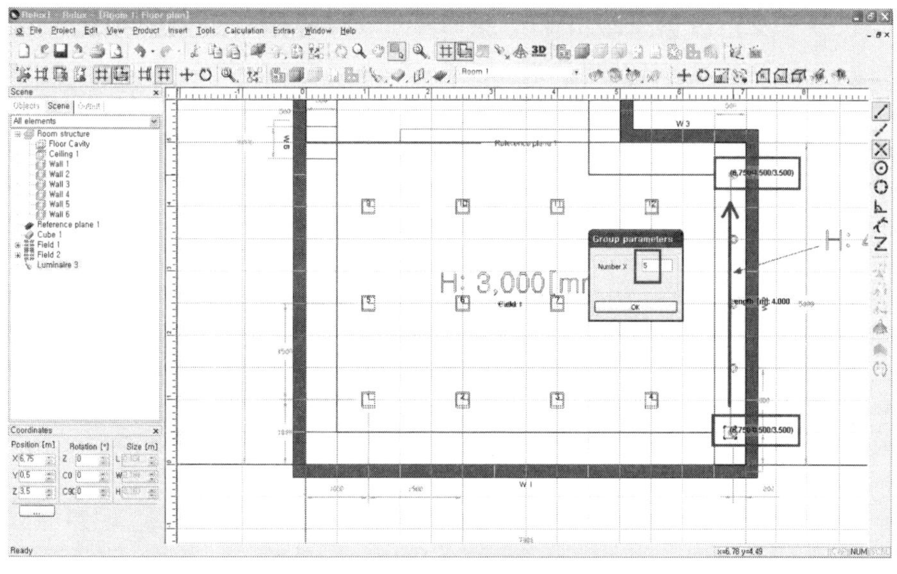

그림 19. Row 정렬

3.19 최종 정렬된 등기구 그룹을 더블클릭하여 속성박스를 불러들인 후에, 그림 20과 같이 type: DD-31010 - 멀티사각 (PAR20 50W).ies으로 Z: 4[m]로 기입하고 속성박스를 닫는다.

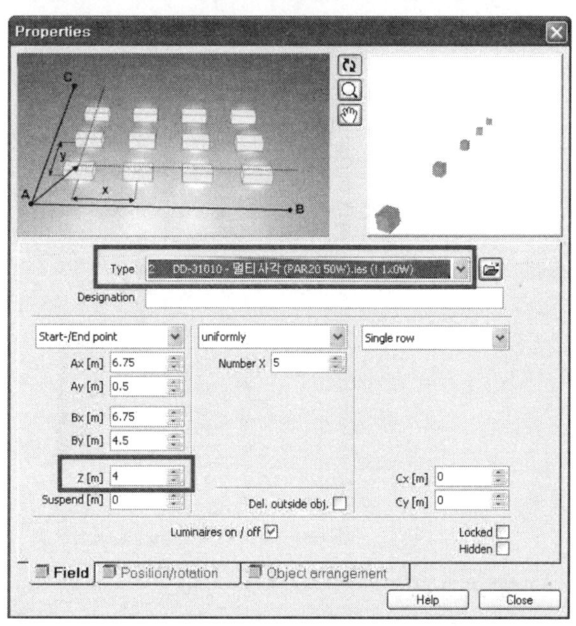

그림 20. 등기구 속성

3.20 그림 21, 그림 22과 같이 등기구가 배치됨을 확인한다.

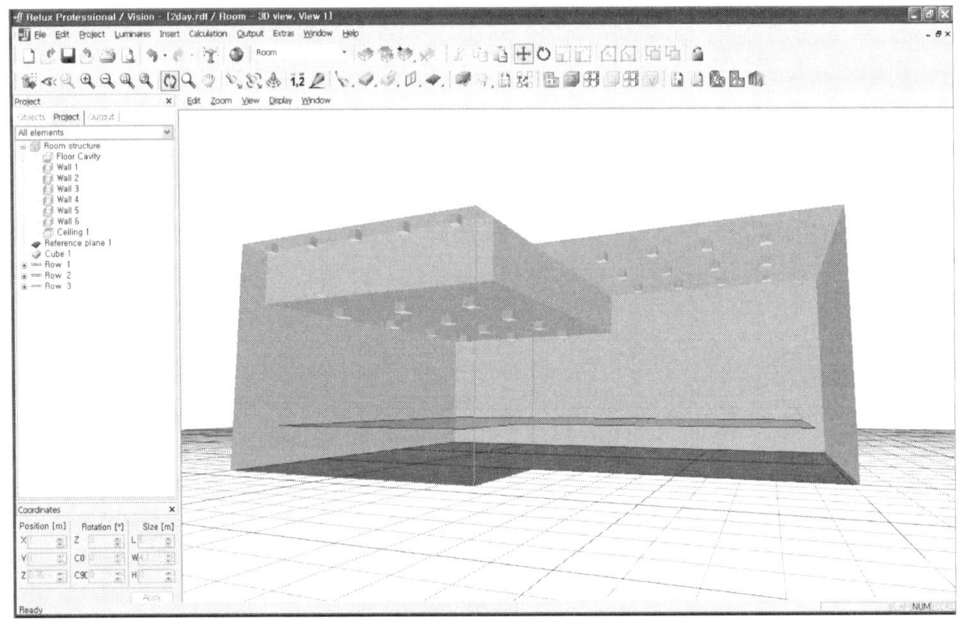

그림 21. 등기구 배치(3D View)

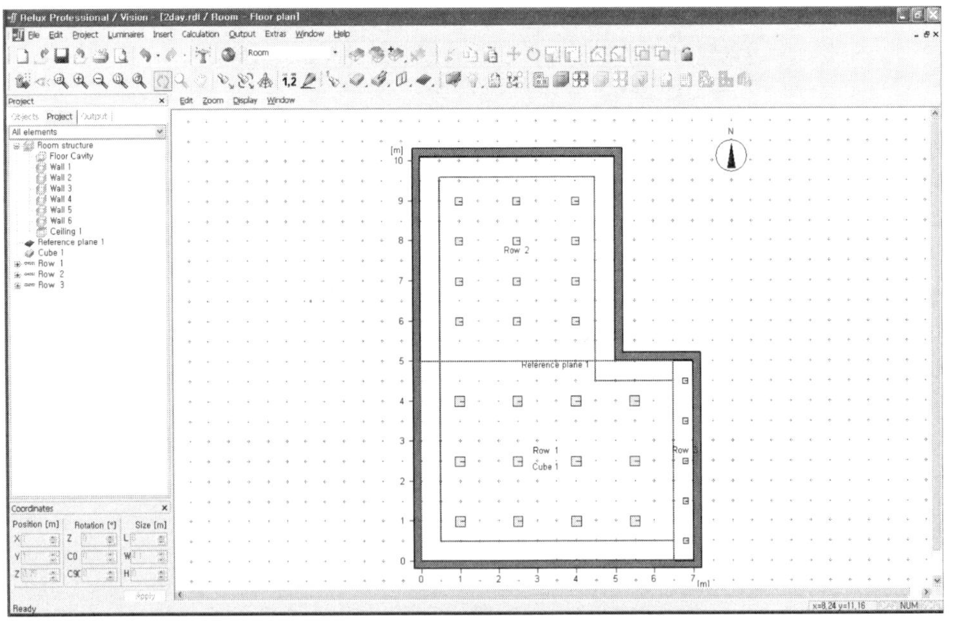

그림 22. 등기구 배치(Top View)

3.21 그림 23과 같다.

: 를 클릭하여 등기구의 에이밍 포인트를 확인한다.

: 를 클릭하여 작업화면 등기구를 선택하거나, 화면 좌측의 Scene 창에서 등기구를 개별선택하여 배광을 확인한다.

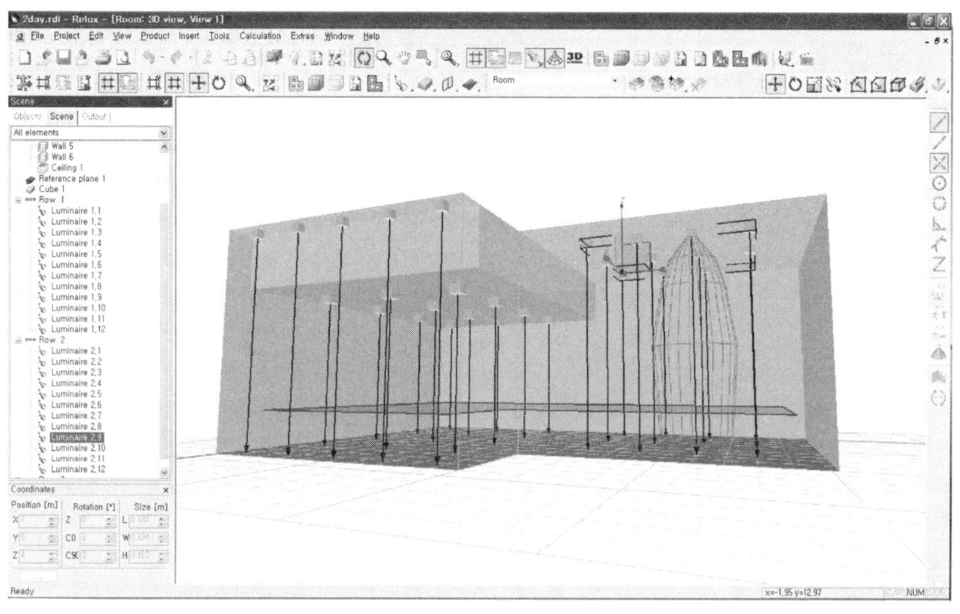

그림 23. 등기구 에이밍 포인트 및 배광 확인

L E D 조 명 광 학 설 계 이 론 및 활 용 II

4. 조명 계산

4.1. 를 클릭하여 공간의 설정을 확인하고 를 클릭하여 조명계산을 한다.

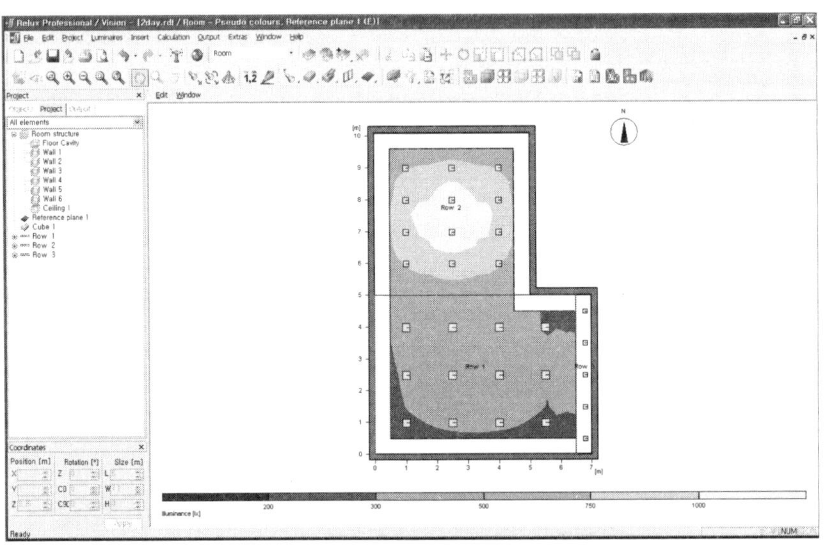

그림 24. 조도등고선(Color mode)

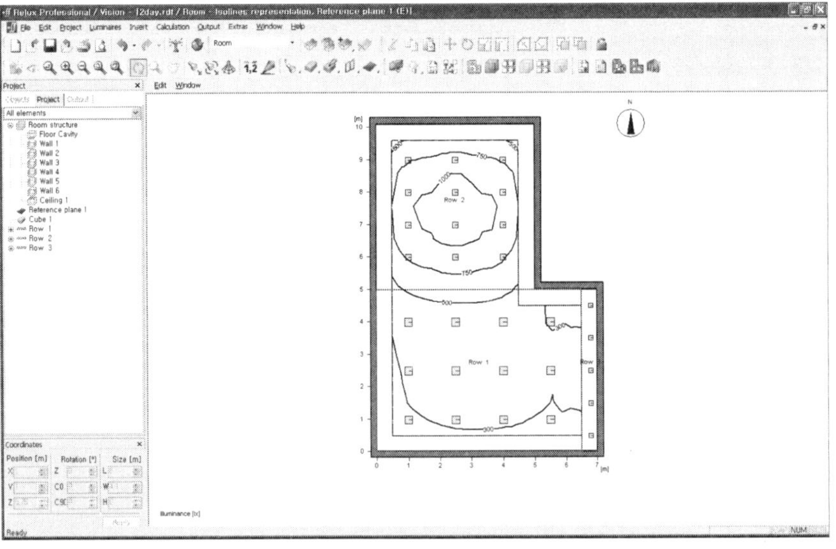

그림 25. 조도등고선(Wire mode)

2.2.1 Result overview, Reference plane 1

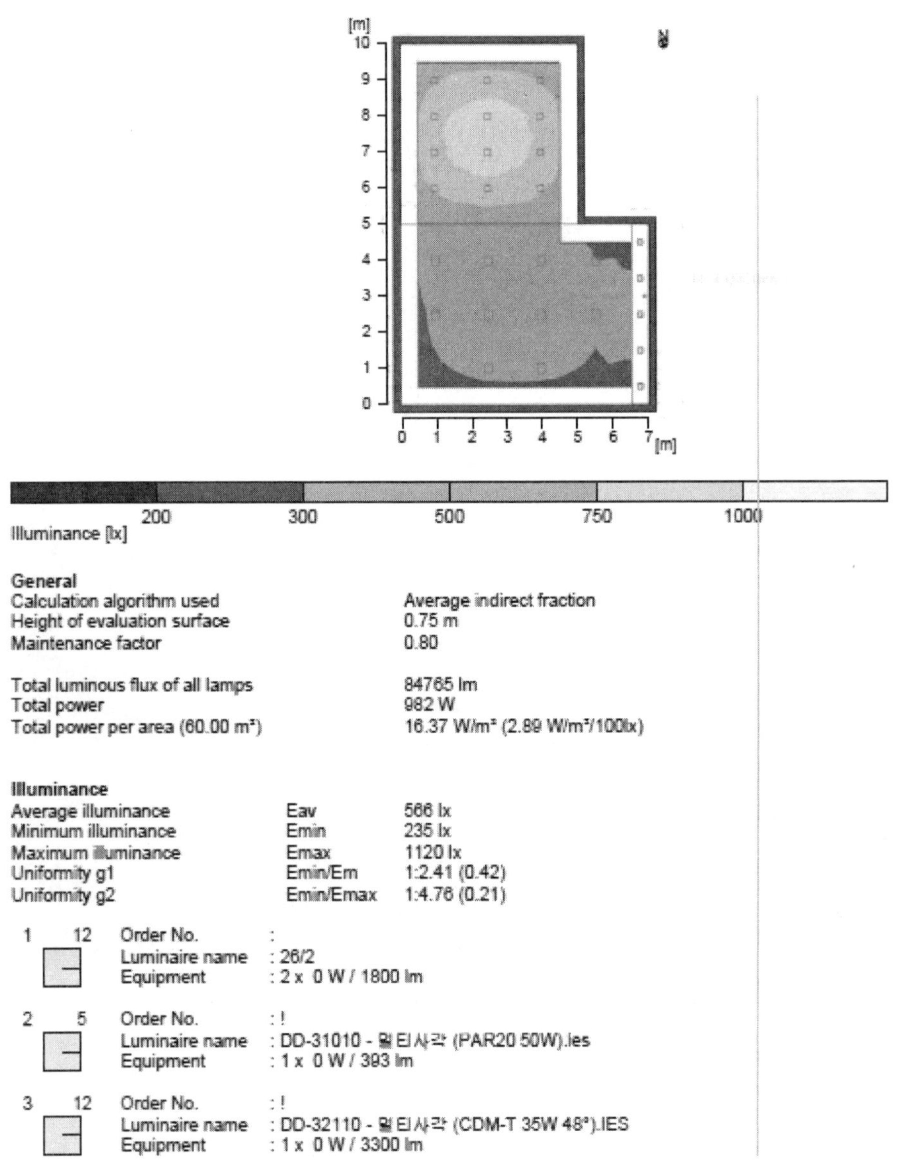

General

Calculation algorithm used		Average indirect fraction
Height of evaluation surface		0.75 m
Maintenance factor		0.80
Total luminous flux of all lamps		84765 lm
Total power		982 W
Total power per area (60.00 m²)		16.37 W/m² (2.89 W/m²/100lx)

Illuminance

Average illuminance	Eav	566 lx
Minimum illuminance	Emin	235 lx
Maximum illuminance	Emax	1120 lx
Uniformity g1	Emin/Em	1:2.41 (0.42)
Uniformity g2	Emin/Emax	1:4.76 (0.21)

1	12	Order No.	:
		Luminaire name	: 26/2
		Equipment	: 2 x 0 W / 1800 lm
2	5	Order No.	: !
		Luminaire name	: DD-31010 - 멀티사각 (PAR20 50W).les
		Equipment	: 1 x 0 W / 393 lm
3	12	Order No.	: !
		Luminaire name	: DD-32110 - 멀티사각 (CDM-T 35W 48°).IES
		Equipment	: 1 x 0 W / 3300 lm

그림 26. Solution paper

4.2. 공간개체의 추가, 측정면의 추가 설정 및 높이 변경, 등기구 타입변경, 재질 변경 등에 따른 조명계산값의 변화를 알아 본다.

제4절 도로 리룩스

1. Relux를 사용한 조명시뮬레이션

1.1. 프로그램 시작 및 공간 만들기.

☞ Relux Pro를 더블클릭하여 프로그램을 시작한다.

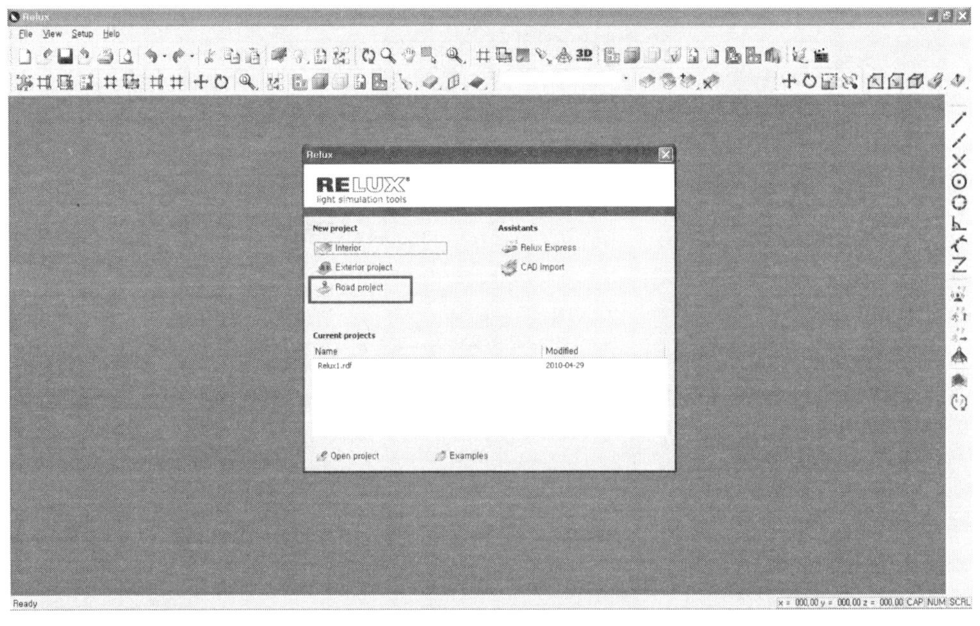

그림 1. 프로그램 시작

1.2. 그림 1의 박스가 나오면, 좌측의 Road project버튼을 클릭한

1.3. "Product selection" 박스가 나오면, 그림2와 같이 "Individual luminaire" 탭으로 이동하여 "Browse"를 클릭하여 "test NH400W.ies"을 선택하고, 하단의 "Add"를 클릭한다.

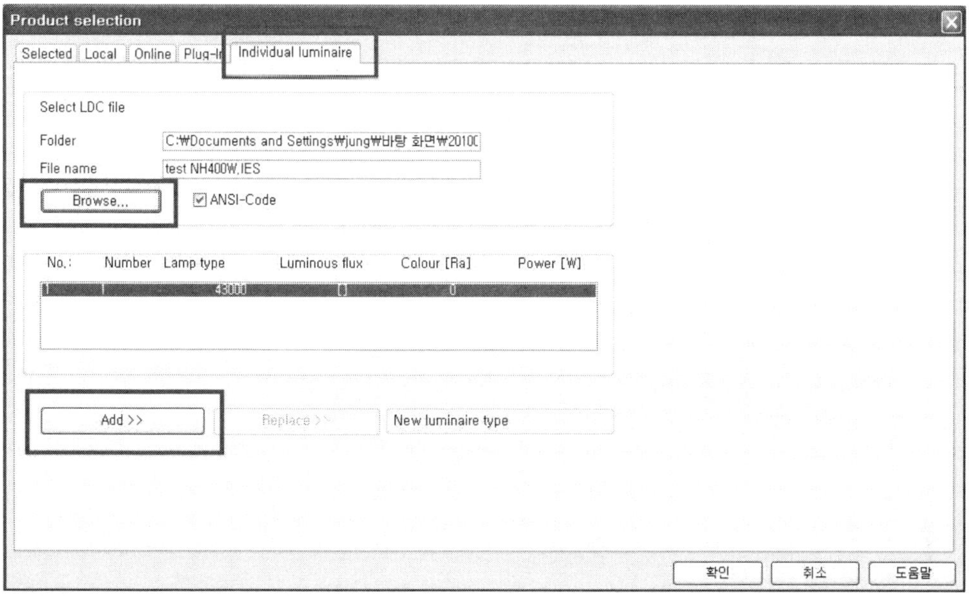

Product selection

Selected | Local | Online | Plug-In | Individual luminaire

Select LDC file

Folder C:₩Documents and Settings₩jung₩바탕 화면₩2010C

File name test NH400W.IES

Browse... ☑ ANSI-Code

No.:	Number	Lamp type	Luminous flux	Colour [Ra]	Power [W]
1	1		43000	0	0

Add >> | Replace >> | New luminaire type

확인 | 취소 | 도움말

그림 2. 등기구 선정

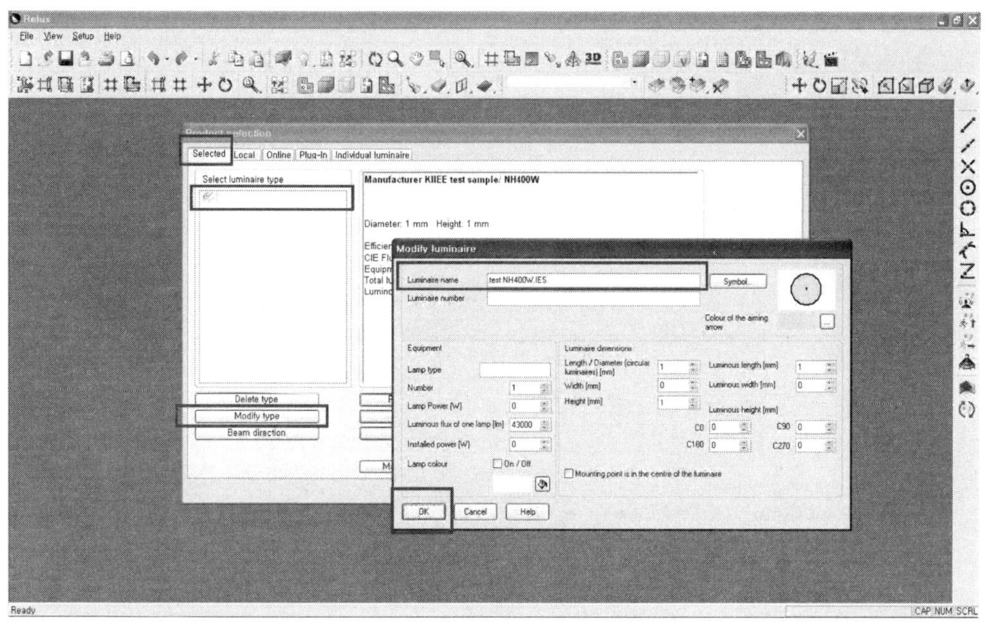

그림 3. 등기구 입력 및 수정

1.4. "Product selection"박스에서 맨 좌측의 "Selected" 탭으로 이동하여 "Select luminaire type"에 추가된 등기구 아이콘을 선택하고 하단의 "Modify type"을 클릭한다.

1.5. "Modify luminaire"박스에서 "luminaire name"에 식별할 수 있는 등기구 이름을 기입하고 "OK"를 클릭하고 박스를 닫는다.

: 그림 3 참조

1.6. "Product selection"박스에서 "확인"을 클릭한다.

: "Calculation road lighting"박스가 나타난다.

1.7. "Calculation road lighting"박스의 "Project definition"탭에서 그림 4와 같이 우측의 "Project data"의 내용 중에 "Distance between luminaires"를 "20"으로, "photometric centre height"를 "12", Outreach: 1.00, Inclination: 5.00으로 수정한다.

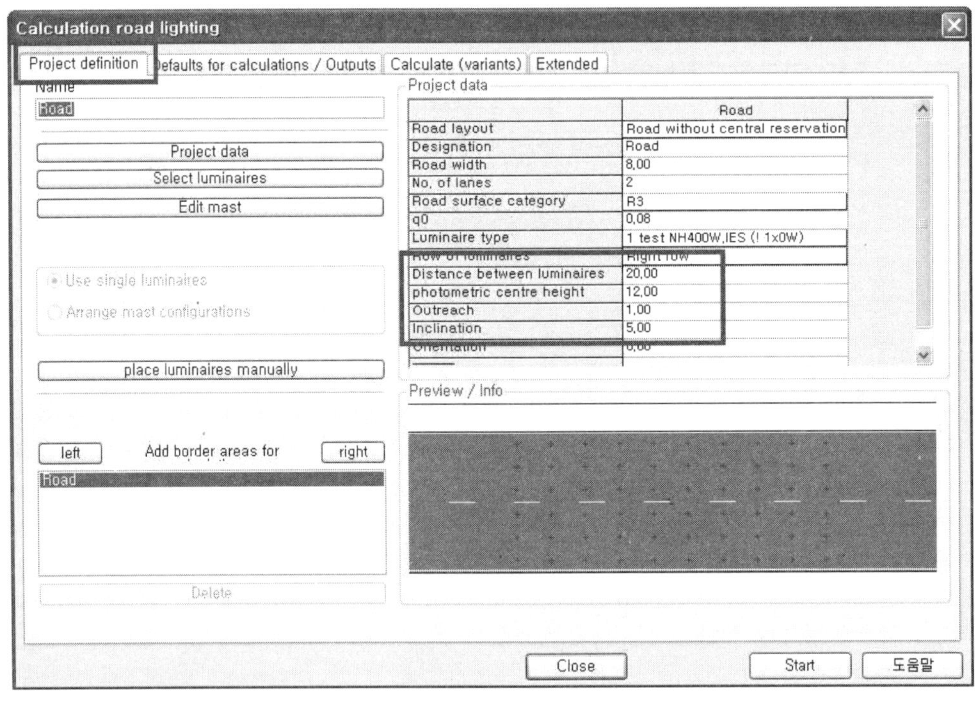

그림 4. 도로 속성 입력(1)

1.8. "Calculation road lighting"박스의 "Defaults for calculations/ Outputs"로 이동하여, "Evaluation classes"를 "ME3c"로, 하단의 "Calculate/ Output"의 체크박스를 그림 5와 같이 선택하고 "Start"버튼을 클릭한다.

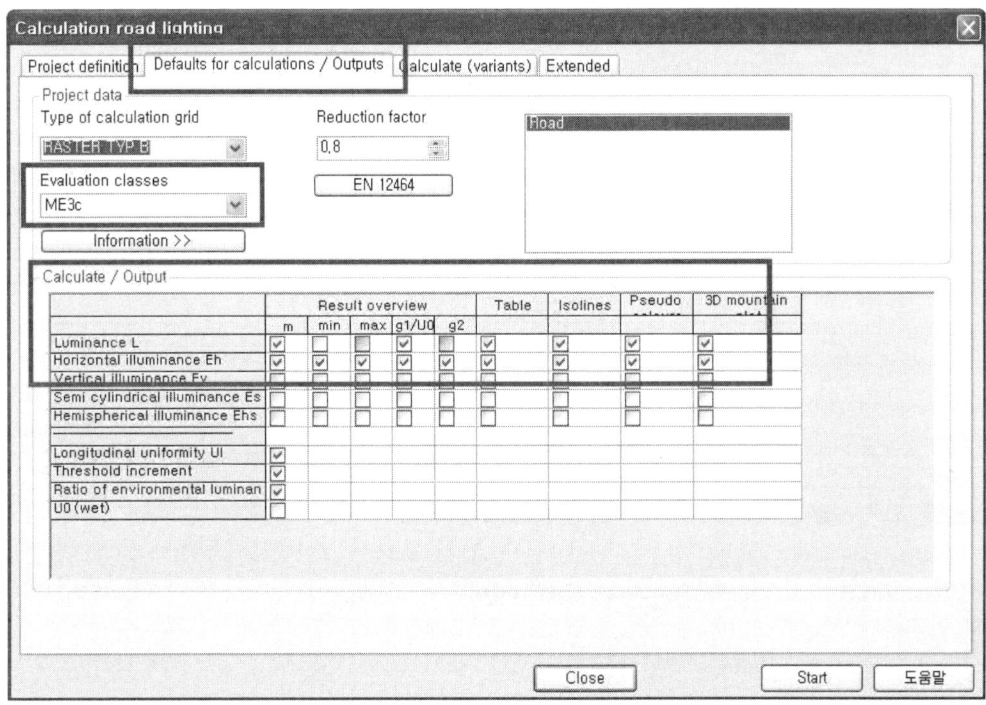

그림 5. 도로 속성 입력(2)

1.9. 그림 6과 같은 결과를 얻을 수 있다.

1.10. 를 클릭하고, (에이밍 표시), (등기구 배광표시)를 클릭하여 그림 7과 같이 확인할 수 있다.

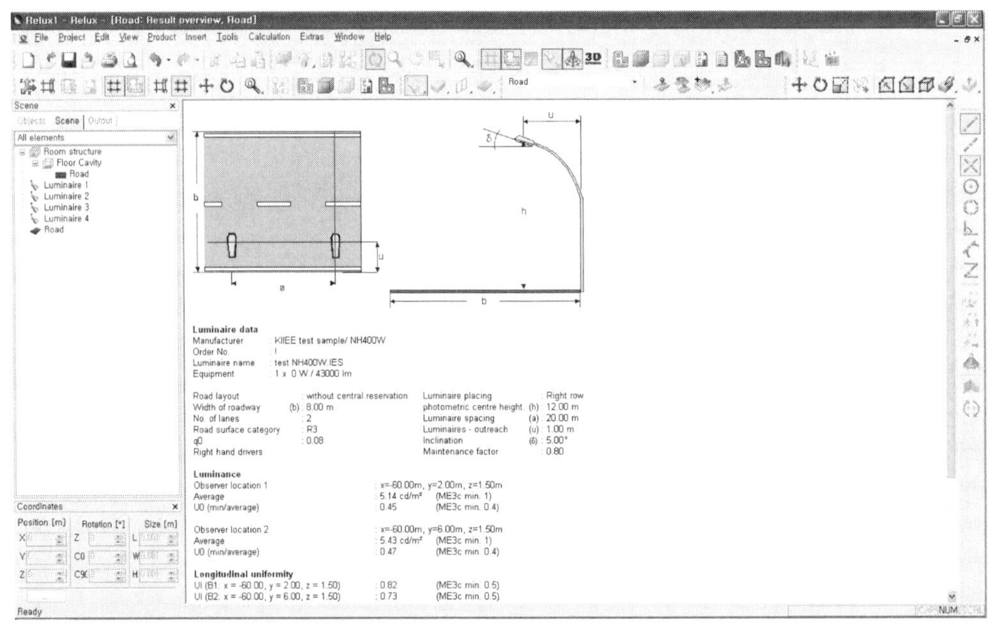

그림 6. 도로 시뮬레이션 결과(1)

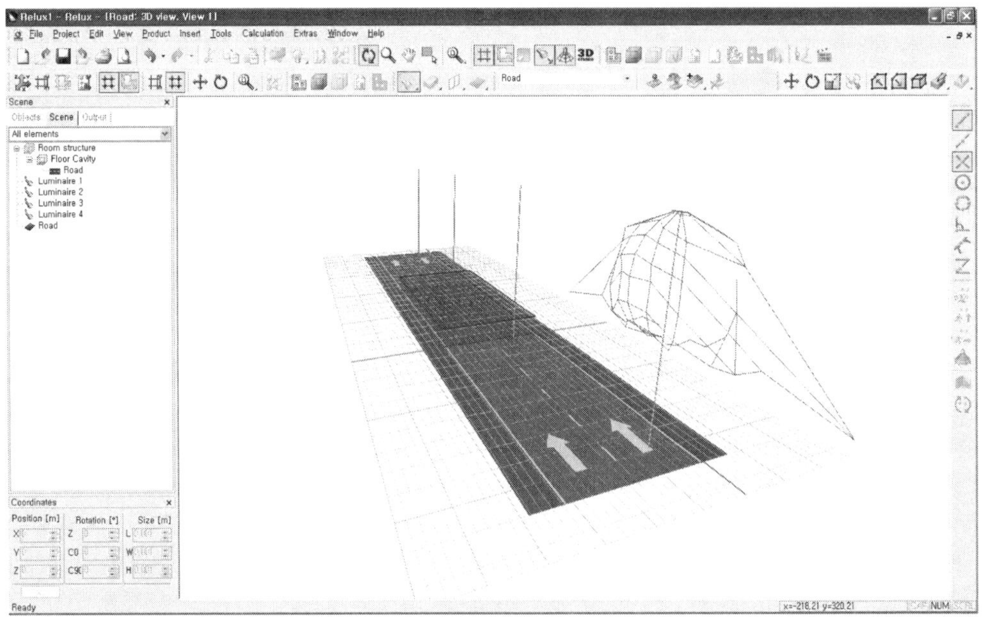

그림 7. 도로 시뮬레이션 결과(2)

〈저자약력〉

■ 황명근(黃明根)

〈학력〉

○ 서울산업대학교 졸업(공학사)

○ 한양대학교 졸업(공학석사)

○ 인하대학교 졸업(박사)

〈주요 경력〉

○ 전, 세종대학교 겸임교수

○ 현, 한국산업기술대학교 겸임교수

○ 전, 지식경제부, THE-7 Runners 기획위원장

○ 전, 지식경제부, SOC 에너지분과기획위원

○ 현, 차세대 LED조명기술인력양성센터 센터장

○ 현, LED신광원조명기술연구회 위원장

○ 현, 부천LED조명 RIS사업단 단장

○ 현, 국제조명위원회 한국위원회 이사

○ 현, 한국조명전기설비학회 이사

○ 현, 대한전기학회 C분과 편집위원

○ e-mail : keunhwang@korea.com

〈소속 및 직위〉

○ 한국조명연구원 수석연구원/부천LED조명 RIS사업단장

■ 안수호

〈학력〉

○ 학사 : 연세대학교 기계설계학과 졸업 (2001)

○ 석 · 박사 : 연세대학교 기계공학과 졸업 (2008)

〈연구 분야〉

○ Fabrication of Microlens Array

○ LED Optics

○ Nano imprinting lithography

〈소속 및 직위〉

○ (주)굿피앤씨 대표

■ 백승욱

〈학력〉

○ 서울 고려대학교 대학원 기계공학 석사 (1988)

〈주요 경력〉

○ '89년 ~ '03년 삼성전기㈜ 삼성전기 중앙연구소 광모듈 LAB장

○ '07년 ~ '10년 오엠오에스 대표

〈주요 업무〉

○ 기술컨설팅, 신사업/마케팅 자문

〈소속 및 직위〉

○ 오엠오에스 대표

■ 신상욱

〈학력〉

○ 호서대학교 졸업(공학사)

○ 호서대학교 졸업(공학석사)

○ 호서대학교 졸업(박사)

〈주요 경력〉

○ POWER LED 인버터스탠드 개발

○ 유기면광원기술개발사업 수행

○ 초고주파 방전 신광원 시스템 개발사업 수행

〈소속 및 직위〉

○ 한국조명연구원 책임연구원/부천LED조명 RIS사업부단장

■ 홍성욱

〈학력〉

○ 서울과학기술대학교 전기공학 졸업(공학사)

○ 서울과학기술대학교 전기공학 졸업(공학석사)

〈주요 경력〉

○ 조명시뮬레이션 강의(한국조명전기설비학회 외 다수)

○ 에버랜드 조명현장 담당 외 다수 프로젝트 참여

○ 반포대교 조명설계 외 다수 프로젝트 조명설계

■ (주)굿피앤씨

〈회사 소개〉

○ 대 표 : 안 수 호
○ 소재지 : 경기 수원 성균관대학교 자연과학캠퍼스 내 RIC 센터
○ 주요제품 : Optical lens and components, MEMS Structure
○ 주요서비스 : 조명 광학 설계, 렌즈 모듈 설계, 광 기구물 디자인
○ Tel : 070-8796-5867
○ e-mail : fallguy9@naver.com

〈주요 서비스〉

○ 광학 렌즈 설계
○ 조명기기 개발 엔지니어링 컨설팅
○ 광 부품 제조 및 공급

〈주요 제품〉

명 칭	적용분야	적용기술
Grating	Moire interferometry핵심부품	MEMS
LED조명용 Optical Module	고출력LED특수조명	광학설계 렌즈가공
명함스캔용 Optical Module	명함,신분증,여권,우편스캐너	미러광학계설계 조명계설계
Optical Mouse lens	평판형Opticalmouse	광학설계 비구면렌즈사출
UV filter	DNA 분석장비	렌즈코팅 글래스표면가공
Ni Stamper	휴대폰키패트및외장데코용필름 UV임프린팅용금형	MEMS가공 Ni전주도금

LED 조명 광학설계 이론 및 활용 Ⅱ

지은이와 협의 인지 생략

인　　쇄 : 2010년 11월 20일
발　　행 : 2010년 11월 30일
저　　자 : 황명근 · 안수호 · 반기현
백승욱 · 홍성욱
발 행 처 : 도서출판 아진
135-010
서울시 강남구 논현동 148-19 한미빌딩 201호
TEL:02-737-0663 FAX:02-737-0664
Homepage:ajin.to
E-mail:kgb@ajin.to
발 행 인 : 김 근 배
등록번호 : 제300-1995-56호
ISBN : 978-89-5761-312-2 93560

가격 20,000원